열네살
흥부
되어보기

열네살 농부 되어보기

ⓒ 이완주 정대이 박원만 2013

초판 1쇄   2013년 2월 19일
초판 8쇄   2024년 5월 22일

지은이   이완주·정대이·박원만

출판책임	박성규	펴낸이	이정원
편집주간	선우미정	펴낸곳	도서출판 들녘
기획이사	이지윤	등록일자	1987년 12월 12일
편집	이동하·이수연·김혜민	등록번호	10-156
디자인	하민우·고유단	주소	경기도 파주시 회동길 198
마케팅	전병우	전화	031-955-7374 (대표)
경영지원	김은주·나수정		031-955-7381 (편집)
제작관리	구법모	팩스	031-955-7393
물류관리	엄철용	이메일	dulnyouk@dulnyouk.co.kr

ISBN   979-89-7527-898-3 (43520)

열네살 농부 되어보기

이완주 · 정대이 · 박원만 지음 | 김선호 그림

푸른들녘

청소년 농부가 세상을 행복하게 만든다

경기도 광주시 농업기술센터
친환경농업팀장 정대이

여러분, 감자를 캐본 적이 있나요? 유월의 햇살 아래 호미로 살살 흙을 헤치며 땅속에서 톡톡 튀어 오르는 황금빛 감자를 캐는 일은 보물찾기와 같은 기쁨을 줍니다. 감자 캐기가 이렇게 흥분되고 재미있는 일이라는 것을 쌤도 최근에야 알게 되었습니다. 도시에서 자라 도시에서만 학교를 다니다 보니 감자를 캐볼 기회조차 얻기 어려웠죠. 도시화 비율이 90%가 넘는 우리나라에서 감자를 캐는 일은 놀이공원에 가는 일 만큼이나 특별한 경험이 되었습니다.

흙을 처음 접해보는 사람들은 예상치 못한 기쁨을 얻습니다. 내가 뿌려놓은 씨앗이 틔운 새싹을 보는 일은 어떤 마술쇼를 보는 것보다 신비롭고 흥분되는 일입니다. 아침에 새끼손가락만 했던 오이가 한나절 지나고 저녁때가 되면 몰라보게 커졌을 때의 놀라움, 싱싱한 오이를 따서 입안에 넣고 씹을 때의 청량감은 이루 말할 수가 없습니다. 쌤은 텃밭 농사를 지으면서 비로소 이러한 기쁨을 새롭게 알게 되었습니다. 그 기쁨을 혼자만 독차지하지 않고 다른 사람과 나누고 싶었습니다. 특히 흙을 느껴볼 기회가 가장 적은 청소년들과 함께 생명이 주는 신비로운 경험을 나누고 싶었지요.

어쩌다 보니 '청소년' 하면 떠오르는 단어들이 학교폭력, 왕따, 자살과 같은 어둡고 마음 아픈 말들밖에 없는 세상이 되었습니다. 이렇게 힘겨운 세상을 살고 있는 청소년들이 흙 속에 얼마나 많은 생명들이 꿈틀대고 있는가를 알게 된다면, 또 그 흙과 식물들이 얼마나 서로 도우며 살아가고 있는가를 알게 된다면 세상을 바라보는 시선이 달라질 것이라고 생각했습니다. 프랑스에서는 훈육이 필요한 학생들을 대상으로 도보여행을 시킨다고 합니다. 도보여행이 주는 경험은 거칠어진 청소년들의 마음을 다독여주고 새로운 시야를 열어줍니다. 쌤은 우리 청소년들이 작물을 심고 가꾸는 과정에서 도보여행을 뛰어 넘는 경험을 할 수 있을 거라고 확신합니다.

흙을 일구어 기름지게 하는 일의 가치를 알면 사람도 흙과 다를 바 없다는 것을 알 수 있습니다. 지금 여러분이 이 책을 통해 하게 될 경험은 바로 흙을 기름지게 하는 것과 똑같은 일입니다. 흙과 퇴비가 얼마만큼 잘 교류하느냐에 따라 나중에 그 흙에 심은 작물의 열매에 많은 차이가 생겨납니다. 그래서 쌤은 여러분이 더 맛있는 열매를 열리게 할 수 있는 좋은 흙이 되길 바라는 마음에 '청소년 농부 프로젝트'를 기획했습니다.

청소년 농부 프로젝트는 '흙의 고마움을 알고, 나눔을 아는 그래서 행복한 청소년'을 목표로 광주시농업기술센터와 광주시자원봉사센터가 준비한 1318 자원봉사 프로그램입니다. 이 프로그램을 진행하기 위해 청소년에게 농사에 대해 알려줄 수 있는 책을 찾아보니 교재로 삼기에 마땅한 것이 없었습니다. "우리가 청소년에게 흙과 농사를 맛볼 수 있는 읽을거리 하나 제대로 마련해주지 못했구나!" 하는 반성이 들었습니다.

반성은 곧 새로운 방법을 찾게 해주었습니다. 결국 마음을 같이하는 멋진 선생님들과 함께 직접 책을 쓰기로 했습니다. 물론 쌤의 글은 아직 부족합니다. 하지만 짧지 않은 인생을 살며 깨달은 것 중 하나는 '행동'의 중요성입니다. 머릿속에 있는 만리장성보다 손으로 쌓아올린 작은 돌담 하나가 소중한 법 아닐까요? 그래서 서툴지만 용기를 냈습니다. 시작하는 글을 쓰는 지금은 새로운 만남에 대한 기대감으로 설렙니다. 아무쪼록 우리 청소년들이 이 책을 읽고 같이 농사를 지으면서 지금까지 경험해보지 못한 즐거움을 맛볼 수 있으면 좋겠습니다.

마지막으로 우리가 함께 만들어본 '청소년 농부 프로젝트'의 철학을 공유합니다.

청소년 농부 프로젝트 철학

➤ 우리는 행복한 청소년이 풍요로운 사회의 견인차가 될 것을 믿습니다.

➤ 우리는 청소년들이 농업을 통해 생명과 삶의 다양성을 이해하는 데 가치를 둡니다.

➤ 우리는 청소년들이 친구들은 물론 지역공동체 어른들과 관계를 맺고 책임 있는 사회의 주체로 성장하기를 바랍니다.

➤ 우리는 청소년들이 작물을 기르고, 판매하고, 기부하는 과정을 통해 먹을거리의 중요성을 알고 환경 친화적 생활습관을 기를 수 있다고 믿습니다.

➤ 우리는 청소년 농부 프로젝트가 지역의 농부와 자원봉사자, 기업들과 협력하여 지속 발전함으로써 더 많은 기회를 만들어낼 수 있다고 믿습니다.

차례

시작하는 글_ 청소년 농부가 세상을 행복하게 만든다   4

일러두기_ 12

1부 청소년 농부를 위한 흙 이야기_ 이완주(『흙을 알아야 농사가 산다』저자)

흙과 비료의 성질 이해하기

흙의 할아버지는 누구인가?   17

흙은 여자일까 남자일까?   21

양분에도 여자와 남자가 있다   22

흙 속에도 깡패가 살아요   27

흙의 pH를 무시하면 농사짓기가 어렵다   29

흙이 산성이면 주인 골을 때려요!   32

비료 방귀는 무섭다   34

우리는 의좋은 흙 속 삼형제   36

흙 알갱이에도 대·중·소가 있다   38

우리 흙은 창고가 작다   41

흙 알갱이를 붙여주는 본드는 무엇일까요?   43

흙에도 노숙자가 있다   47

전기가 잘 통하는 흙은 나쁘다   49

흙을 개량할 때 왜 유기물과 석회를 주어야 할까?   51

화학비료(무기질비료)는 전부 독일까요?   53

우리 텃밭에 무슨 비료를 줄까?   59

땅도 숨을 쉰다   61

땅 껍질은 농사를 지켜준다   64

장마는 흙 도둑, 양분 도둑   66

풀로 흙을 살린다   69

미량요소 비료 어떻게 주나요?   71

비료를 주지 않고도 농사를 지을 수 있을까요?   73

텃밭 초보자를 위한 비료 관리   75

유기농업이 중요한 이유   77

사람처럼 흙도 건강진단을 받아야 해요!   79

좋은 흙을 만들자   81

꼭 알아둬야 할 키워드를 공부하자   81

식물의 각 기관들은 어떤 일을 할까?

식물 기관의 역할을 알아봅시다   86

잎의 역할   86

줄기의 역할   89

뿌리의 역할   90

식물의 몸에 필요한 양분과 역할   91

뿌리는 어떻게 양분을 빨아먹을까요?   94

2부 지구를 살리는 착한 비료 이야기_ 정대이(경기도 광주시 농업기술센터친환경농업팀장)

퇴비가 뭐예요?

자연은 연금술사   99

흙도 종합영양제를 먹는다   102

땅을 살리는 토양개량제   104

식물도 카톡을 해요   106

퇴비를 알면 과학이 보여요

헉, 이게 무슨 냄새지?   110

퇴비를 만드는 다양한 미생물　113

모든 것은 타이밍의 문제야　117

내 손으로 만드는 퇴비

퇴비를 만드는 가장 손쉬운 방법　122

어떤 재료가 좋을까?　124

수분의 양은 얼마가 좋을까?　125

탄소 대 질소의 비율도 중요해!　128

온도와 통기성을 체크하자　131

황금알을 낳는 거위처럼　132

퇴비를 어떻게 쓸까?

퇴비와 흙에도 궁합이 있다!　137

퇴비의 특성 파악　139

색 가든(sack garden)　141

생긴 대로 건강하게

유기농업과 생물다양성　148

유기농업이 개구리의 멸종 시기를 늦출 수 있을까?　150

유기농업은 인간과 자연이 공존하는 삶의 방식　154

3부　청소년 농부, 텃밭을 시작하다_ 박원만(『텃밭백과』 저자)

Ready _ 텃밭에 가기 전에 꼭 알아야 할 것

작물별 심는 시기　164

Set _ 농사를 시작하기 전에 꼭 알아야 할 것

우리는 좋은 농부, 텃밭 예절을 지키자   166

씨앗이나 모종 구입하기   169

씨앗 관리   172

텃밭, 주말농장의 농기구   175

밭에서 만나는 풀꽃   178

밭에서 만나는 곤충   184

지혜로운 농부가 꼭 알아야 할 텃밭 농사 용어들   190

Go _ 작물을 재배하기 전에 꼭 알아야 할 것

채소는 사람을 위해서 자라지 않는다   196

채소와 온도   197

우리나라에서는 채소 기르기가 왜 어려울까요?   201

우리가 많이 기르는 채소   203

수박, 참외의 제철은 언제일까?   204

채소도 편식을 한다   206

돌려짓기   207

Action1_ 내 손으로 가꾸는 텃밭 채소

가지 210 | 감자 217 | 고구마 229 | 고추 239 | 당근 248 | 대파 255
무 264 | 배추 271 | 부추 279 | 상추 287 | 시금치 294 | 쑥갓 302
열무 309 | 오이 315 | 옥수수 325 | 쪽파 333 | 토마토 342

Action2_ 내 손으로 가꾸는 여러 가지 채소

적환무 350 | 청경채 354 | 얼갈이 359 | 총각무 363 | 겨자채 366

주말농장, 텃밭에서 많이 기르는 채소 재배 시기   370

- 이 책은 청소년 여러분이 채소를 기르는 데 도움을 줄 수 있는 입문서입니다. 1부 '청소년 농부를 위한 흙 이야기'는 흙의 성질을 이해하고 식물이 자랄 때 양분이 어떤 방식으로 작용하는지 설명하는 데 중점을 두었습니다. 여기서 언급되는 화학비료는 식물이 영양물질을 흡수하는 방식을 이해하는 데 도움이 되도록 수록한 것입니다. 2부 '지구를 살리는 착한 비료 이야기'에서는 식물이 잘 자라게끔 영양을 보충해주는 퇴비의 성질을 이해하고 청소년들이 직접 만들어볼 수 있는 방법을 소개했습니다. 또 작물재배에 있어 화학비료와 농약을 사용하지 않는 것이 왜 중요한지 설명했습니다. 청소년 여러분이 이러한 유기농업을 통해 미생물을 포함하여 모든 동식물과 어울려 살아가는 기쁨을 배울 수 있기를 바랍니다. 3부 '청소년 농부 텃밭을 시작하다'는 실제적으로 작물 재배를 시작할 때 옆에 두고 활용할 수 있도록 10여 년에 걸쳐 유기적으로 텃밭 작물을 재배하며 얻어진 노하우를 알기 쉽게 정리한 것입니다.

● 때로는 작물이 자라는 모습을 지켜보며 더 많은 수확물을 얻고자 화학비료나 농약을 사용하고 싶은 마음이 들기도 할 것입니다. 하지만 텃밭에서 작물을 재배하는 목적을 잘 생각해보기 바랍니다. 욕심을 내지 않는다면 우리는 얼마든지 지구를 배려하며 적절하게 작물을 길러낼 수 있습니다. 한 발 물러서는 양보의 삶은 더불어 살고자 하는 우리 바람을 실현시킬 수 있는 방향으로 두 발 앞서 나아가게 해줄 것입니다.

● 일러스트를 그려준 김선호 학생(당시 16살)은 이제 대학생이 되었습니다. 선호 군은 학창시절 텃밭 농사를 지으며 여러분보다 한 발 앞서 텃밭 농사의 기쁨을 맛보았습니다. 그 경험을 바탕으로 책의 내용을 마법처럼 재미가 가득한 새로운 세계로 탈바꿈시켰고요. 이렇게 멋진 방법으로 재능을 기부해준 김선호 학생에게 고마운 마음을 전합니다.

1부

청소년농부를 위한

흙
이야기

흙과 비료의 성질 이해하기

여러분, 안녕하세요?

새싹처럼 파릇파릇한 청소년 여러분을 만나게 되어 정말 반갑습니다. 농사짓기로 체험학습을 하겠다고 모인 여러분을 보니 대견하네요. 흙, 퇴비, 농사, 작물…… 이런 단어들과 친하지 않을 텐데, 여러분 모두 대단한 결심을 했지요? 다른 분야도 그렇겠지만, 특히 '흙과 비료'에 대한 이해는 쉽지 않습니다. 화학과 물리, 미생물 등 다양한 분야의 과학과 관련되어 있기 때문이지요. 뿐만 아니라 일반인들은 물론 농업인들조차도 이해하기 쉽도록 친절하게 설명한 책자도 거의 없었답니다. 하물며 중·고등학교 학생들이 이해할 수 있도록 설명한 자료는 전무한 실정이지요.

농사의 기초가 되는 흙과 비료에 대해서 농업인들 사이에 추측과 오해가 난무하고, 이 때문에 실제로 농사에서 손해를 보는 예가 허다해요. 쌤 역시 토양비료학자의 한 사람으로 무거운 책임감을 느낍니다. 그래서 이해가 어려운 과학적인 용어는 일반적으로 흔히 쓰는 용어를 빌려와 쉽게 설명했어요. 쌤이 쓴 『흙을 알아야 농사가 산다』와 『흙, 아는 만큼 베푼다』 같은 책이 흙과 비료를 설명한 책으로서 농업인은 물론, 일반인들에게도 필독서로 널리 읽히고 있는 이유이기도 합니다.

이제부터 쌤과 함께 흥미진진한 흙의 세계로 여행을 떠나봅시다. 여기서 읽게 되는 글에서 "과부촌, 전기의자, 깡패, 노숙자, 국민주택, 천사"와 같은 키워드를 잘 이해하고 기억해두기 바랍니다. 그러면 앞으로 흙과 비료의 성질을 잘 파악하여 농사를 짓는 데 실제로 큰 도움을 얻게 될 것입니다.

흙의 할아버지는 누구인가?

흙은 어디에서 왔을까? 흙의 조상은 누구일까? 우리의 조상을 알려면 족보를 따져 올라가지만, 흙의 조상을 알려면 반대로 파내려가야 합니다.

흙을 파내려가면 자갈을 만나지요. 더 파고 들어가면 바위를 만납니다. "바위를 뚫고 더 내려가면 무엇을 만날까요?" 이렇게 물으면 "물이요!"라고 대답하는 사람도 있어요. 아니지요. 물은 바위 사이에 숨어 있을 뿐이고 더 파고 들어가면 용암을 만납니다.

용암이 흙의 조상이랍니다. 용암이 지구 표면으로 솟아올라와 식은 것이 바위이고, 바위가 깨져서 자갈이 되고, 더 깨져서 모래가 되고, 여기서 더 깨지면 흙이 되는 것이지요. 이렇게 잘게 부서지는 과정을 '풍화'라고 합니다.

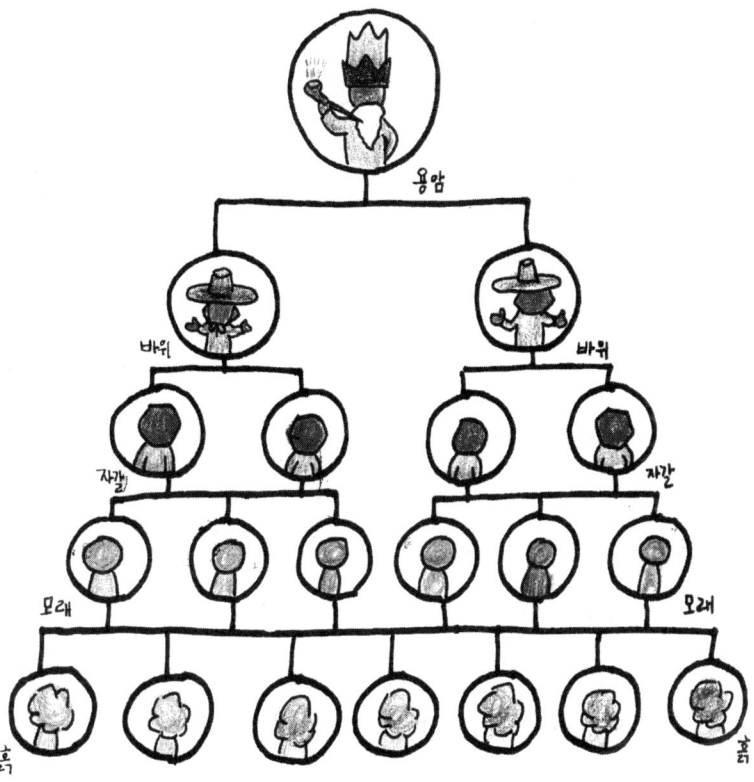

앗. 나의 할아버지가 용암이라고?

바위가 흙으로 풍화되는 과정에서 자연스럽게 물과 공기가 끼어들고, 죽은 식물(유기물)이 들어가서 드디어는 식물이 자랄 수 있는 진짜 '흙'이 만들어지는 것이지요. 그러니까 바위가 흙이 되면 부피도 두 배로 늘어나서 그 공간에 물과 공기가 들어가고 유기물도 보태지는 것입니다.

이렇게 바위가 흙 1밀리미터가 되기까지 걸리는 풍화기간은 최고 4백 년이랍니다. 그런데 우리나라에서는 여름철 장마 때 보통 흙 1센티미터가 빗물에 씻겨 내려갑니다. 그럼 몇 년 동안 만들어진 흙을 잃게 되는 거지요? 그래요, 4천 년입니다. 그렇게 긴 세월에 걸쳐 만들어진 흙을 단 1년 동안에 잃게 되는 거지요? 참 아까운 일입니다. 그런데 문제는 이렇게 잃어버리는 흙에 양분이 가장 많이 들어 있다는 점입니다. 그러니까 겉흙을 잃지 않도록 잘 보호하는 것이 농사에서 아주 중요한 일이지요.

바위가 어떤 바위냐에 따라 흙도 달라집니다. 사람도 그렇잖아요? 백인 부모에게서는 백인 아기가 태어나고, 흑인 부모에게서는 흑인 아기가 태어나니까요.

우리나라 흙은 황토가 대부분이에요. 원료 바위가 화강암이나 화강편마암이기 때문이죠. 우리나라는 화강암이 풍화되는 과정에서 칼슘(Ca)과 마그네슘(Mg) 같은 귀중한 양분을 많이 빼앗깁니다. 비가 많은 편이라 그렇지요. 한편 잘 녹지 않는 철분(Fe)은 많이 남으니까 흙이 붉은 색을 띤 황토가 되는 거고요. 그 때문에 우리나라 흙은 붉고 척박한 편입니다. 예로부터 우리나라를 '삼천리금수강산'이라고 말했지만, 실제로는 그렇지 않답니다.

옛날에 화학비료가 없었을 시절에는 사람들이 이곳저곳으로 옮겨 다니며 농사를 지었습니다. 왜 그랬을까요? '땅심'(지력이라고도 하는데 농산물을 생산할 수 있는 흙의 능력을 말하는 것임)이 다해서 소출이 잘 안 나오기 때문입니다. 산에 불을 질러 한 3년쯤 농사를 짓고는 다른 곳으로 옮겨 다시 불을 놓아 밭을 만들었어요. 땅심이 고작 3년 정도만 버틸 수 있기 때문이지요. 우리나라에서 비료를 전혀 주지 않고 옥수수를 길러보면 3년 정도 지나면 옥수수가 거의 열리지 않는 현상을 목격할 수 있습니다.

미국의 곡창지대는 좀 다릅니다. 지난 100년간 비료를 전혀 주지 않고 다만 거기서 나오는 수수깡만 모두 땅에 되돌려주었을 뿐인데도 매년 10아르(1아르는 1제곱미터의 100배이다. 기호는 a. 10a=1,000㎡)에서 옥수수를 300킬로그램씩 수확했거든요.

미국의 곡창지대와 우리나라 흙에는 어떤 차이가 있을까요? 미국의 곡창지대에는 유기물이 풍부합니다. 수십만 년 전에 빙하가 북극에서 밀려 내려오면서 풍부한 유기물을 미국의 각 지역에 쏟아놓았기 때문이지요. 이것을 '빙퇴토'라고 하는데, 빙하가 주저앉아 녹으면서 그 안에 담겨 있던 비옥한 흙과 유기물을 쏟아놓은 것입니

다. 이렇게 생긴 흙의 유효토심(효과, 효능이 있는 땅의 깊이)이 30미터
(우리나라는 3미터 되는 곳도 흔하지 않다)나 되는 곳도 있다고 합니다.
그러니 어찌 흙이 비옥하지 않을 수 있을까요?

우리 선조들은 척박한 흙에서 농사를 지어야 했기 때문에 흙을
잘 보호하고 거름을 아주 귀하게 생각했습니다. 밖에 나갔다가도
대소변은 집에 돌아와서 해결했을 정도지요. 심지어 집 근처에 오
줌통을 놓아두거나 뒷간을 집 밖에 만들어두었다가 길손의 것까
지 챙기기도 했답니다.

흙은 여자일까 남자일까?

세상은 양과 음, +와 -, 남과 여, 하늘과 땅 등, 서로 대립적인 것으
로 이뤄져 있어요. 쌤은 강의시간에 종종 이렇게 물어봅니다.

"흙은 여자일까요? 남자일까요?"

남자라고 대답하는 사람은 '가물에 콩 나듯' 하고, 대부분 여자라
고 대답하지요. 왜 여자냐고 물으면 "씨를 심으면 나기 때문이지요"
라고 말합니다. 비과학적이긴 해도 맞는 대답입니다.

과학적으로 설명하려면 흙의 주성분부터 따져봐야 합니다. 흙의
주성분은 50% 이상을 차지하는 규소(Si)입니다. 그 뒤를 이어 알루
미늄과 철이 각각 11%쯤 들어 있지요.

규소(Si^{4+})의 집안에는 4명의 남자(+)가 살고 있고 그들과 함께 4명의 부인이 살고 있습니다. 여기에 난데없이 깡패가 나타납니다. 알루미늄이란 놈입니다. 알루미늄(Al^{3+})의 집안에는 남자가 3명 산답니다. 알루미늄은 흙 알갱이 속으로 쳐들어가서 규소를 쫓아버립니다. 그럼 무슨 일이 일어날까요? 남자 4명과 여자 4명이 살던 곳에 남자가 3명만 들어갔으니 여자 1명은 짝을 잃게 되지요. 말하자면 규소 집안에 알루미늄 3형제가 쳐들어가서 규소 4형제를 쫓아내고 과부 1명을 만든 셈이지요.

알루미늄이 살고 있자니 이번에는 형제가 사는 철(Fe^{2+})이 쳐들어가 알루미늄을 내쫓습니다. 그럼 또 다시 과부 1명이 생기게 되지요. 이런 교환(이것을 '동형치환'이라고 함)이 수백 년, 수천 년 동안 계속 일어나는 바람에 결국 흙은 과부의 왕국이 된 것입니다. 그래서 흙은 여자, 즉 마이너스(-) 전기를 띠고 있고 거기에 각종 플러스(+) 양분이 붙게 된 것이지요. 따라서 흙은 마이너스(-) 전기를 띤 '전기 의자'라고 할 수 있습니다.

양분에도 여자와 남자가 있다

"사람을 포함한 모든 동물은 자신이 먹을 것을 손수 만들지 못한답니다"고 말하면 어떤 사람은 이렇게 되묻습니다.

"사람이 직접 먹을 것을 생산하지 못하다니요? 곡식을 심고 채소를 길러서 먹지 않나요?"

우리가 먹을 것을 직접 생산한다고요? 천만의 말씀입니다. 정확히 말하면 벼와 채소가 만든 것을 빼앗아 먹을 뿐 사람이 직접 생산하는 것은 아닙니다. 연못에서 붕어를 낚아 붕어찜을 해먹었다고 칩시다. 우리가 붕어를 생산했나요? 붕어는 연못에서 살면서 물풀이나 플랑크톤을 잡아먹고 자랍니다. 플랑크톤조차도 따지고 들어가면 먹이사슬의 맨 끝에 있는 식물을 먹고 살고요. 동물은 직접 유기물을 만들 수 없습니다. 우리는 다만 붕어를 잡아먹은 것뿐입니다. 먹이사슬의 맨 아래에는 식물이 있고, 동물은 식물이 만든 유기물을 먹을 뿐입니다.

그럼 식물은 무엇을 먹고살까요? 동물과 달리 무기물을 먹지요. 식물은 무기물만을 먹습니다. 그것으로 유기물을 만드는 것이지요. 유기물을 만드는 방법을 우리는 '광합성'이라고 배웠습니다. 광합성에 직접 이용하는 원료는 이산화탄소와 물인데, 이것들도 무기물이지요. 식물은 광합성을 극대화하기 위해 그 밖에도 질소, 인산, 칼륨, 칼슘, 마그네슘, 황(유황은 일본식 이름), 철, 붕소, 구리, 아연, 망간, 몰리브덴, 염소, 니켈 등 14가지를 필요로 합니다. 이것들을 '필수양분(원소)'이라고 부릅니다.

얼마 전 니켈(Ni)이 필수양분의 목록에 올랐어요. 니켈도 식물이 살아가는 데 꼭 필요하다는 것입니다. 그런데 씨앗 속에 들어 있는 200ng(나노그램은 1g의 10억분의 1이다)으로도 당대는 물론 3대까지 버틸 수 있다니, 새삼 신경을 쓸 필요가 없지요.

식물이 먹는 14가지 성분은 여자(-) 아니면 남자(+)랍니다. 여자 성분은 인($H_2PO_4^-$ / HPO_4^{2-}), 황(SO_4^{2-}), 염소(Cl^-), 붕소(BO_3^{3-}, $B_4O_7^{2-}$),

여자는 이쪽으로, 남자는 저쪽으로!

24

몰리브덴(MoO^{2-})이고, 남자 성분은 칼륨(K^+), 칼슘(Ca^{2+}), 마그네슘(Mg^{2+}), 철(Fe^{2+}, Fe^{3+}), 망간(Mn^{2+}), 아연(Zn^{2+}), 구리(Cu^+, Cu^{2+}), 니켈(Ni^{2+})입니다. 다만 질소는 여자(질산태, NO_3^-, '초산태'는 일본식 이름)도 있고, 남자(암모늄태, NH_4^+)도 있답니다.

왜 질소만 암놈과 수놈이 다 있을까요? 질소가 없으면 식물은 자

앗, 질소 너는 도플갱어? 정체를 밝혀라!

라지 못하기 때문이랍니다. 식물이 자라지 못하면 동물도 잘 살 수
없지요.

문제는 우리의 주식인 벼가 논에서 자란다는 점입니다. 앞서 말했
듯이 흙은 여자입니다. 흙에 붙을 수 있는 양분은 남자일까요, 여자
일까요? 여자와 여자가 사랑을 할 수는 없겠지요? 여자와 남자여야
사랑이 가능하겠지요? 논에는 항상 물이 있어요. 여자 질소만 있다
면 위에서 아래로 계속 흘러내리는 물에 녹아서 지하로 도망가고
말겠지요. 다행히 남자 질소가 있어서 흙 알갱이에 꼭 붙어 있다가
쌀을 만드는 거랍니다. 그래서 조물주가 지구를 창조할 때 태양, 물,
공기와 함께 질소는 여자와 남자를 다 만들어주신 게 아닐까요? 생
각할수록 참 고맙고 고마운 일입니다.

여자인 양분(-)	남자인 양분(+)
질소(질산, NO_3^-) 인($H_2PO_4^-$ / HPO_4^{2-}) 황(SO_4^{2-}) 염소(Cl^-) 붕소(BO_3^{3-}, $B_4O_7^{2-}$) 몰리브덴(MoO^{2-})	질소(암모늄, NH_4^+) 칼륨(K^+) 칼슘(Ca^{2+}) 마그네슘(Mg^{2+}) 철(Fe^{2+}, Fe^{3+}) 망간(Mn^{2+}) 아연(Zn^{2+}) 구리(Cu^+, Cu^{2+}) 니켈(Ni^{2+})

양성과 음성에 따른 식물 양분의 구분(식물은 위와 같은 꼴로 흡수한다)

흙 속에도 깡패가 살아요

얼마 전, 어떤 조직폭력배가 미분양 아파트를 공짜로 내놓으라며 모델하우스에 들어가 난동을 부리다가 경찰에 잡혔답니다. 참, 간도 큰 사람들이지요? 이렇게 간 큰 깡패가 인간 세계에만 있는 건 아니랍니다. 흙 속에도 살고 있어요. 이놈들도 겁나는 게 없는 존재들이죠. 흙 속에 있는 양분을 괴롭히고 뿌리를 만나기만 하면 양분을 흡수하는 기관을 망가뜨립니다. 덩치로 보면 이보다 작을 수 없지만 이보다 센 놈 또한 흙 속에는 없어요.

이런 '깡패'가 누구일까요? 바로 수소(H^+)란 놈입니다. 이놈은 남자가 하나만 있는데도 둘 있는 칼슘(Ca^{2+})이나 마그네슘(Mg^{2+})과 싸워서 이깁니다. 흙 알갱이에 붙어 있는 칼슘과 마그네슘(식물에게 매우 좋은 성분)을 끌어내고 그 자리로 들어갑니다. 이렇게 쫓겨난 칼슘과 마그네슘은 집을 잃은 노숙자 신세가 되었다가 비가 오면 빗물에 쓸려 지하로 빠져나가죠. 식물이 먹을 수 없게 되는 것이지요.

문제는 수소깡패가 아무짝에도 쓸모없다는 점입니다. 쓰이지 못하기만 하면 그나마 다행인데, 주로 못된 짓만 골라 하니 그야말로 백해무익한 놈이라고 해야겠죠? 앞서 말한 것처럼 좋은 양분을 몰아내는가 하면, 돈 주고 사서 뿌려준 비료의 허리를 반 동강이로 꺾어 제구실을 못 하게 만들어버린답니다. 식물의 뿌리에서 양분을 빨아들이는 대문 구실을 하는 단백질을 못 쓰게 만들어서 아무거

27

나 들어가도록 하고요. 그러니 식물이 어디 제대로 살겠어요? 죽을 지경이지요.

그런데 이런 깡패 수소는 어디에서 어떻게 생기는 걸까요? 가장 주요한 공급원은 두 가지입니다. 하나는 식물이 싸는 똥오줌이죠. 식물은 무엇을 먹든지 먹은 만큼 수소로 싼답니다. 남자(+를 가지는 양분) 양분이 들어가도, 여자 양분이 들어가도, 들어간 만큼 반드시 수소이온이 똥오줌으로 나옵니다. 두 번째 공급원은 빗물입니다. 빗물 속에는 무수히 많은 깡패가 들어 있어요. 왜냐하면 공기 중에 있는 이산화탄소가 녹아들어가서 탄산(H_2CO_3)이 생기고 이것이 분리되어 수소이온이 함께 생긴답니다. 그래도 다행인 것은 수소를

잡는 폴리스(경찰)가 있다는 것이죠. 석회가 곧 폴리스입니다. 석회를 주면 칼슘이 흙 알갱이에 붙어 있는 수소를 몰아냅니다. 그러면 그 자리에 양분이 쉽게 들어갔다 나왔다 하기 때문에 석회를 주면 농사가 잘 되는 것이랍니다.

흙의 pH를 무시하면 농사짓기가 어렵다

여러분도 아마 과학 시간에 산도(pH)에 대해서 배울 겁니다. 중성인 7을 중심으로 0쪽으로 갈수록 산성이 강하고, 14쪽으로 갈수록 알칼리성이 강하다고 배우지요. 산성과 알칼리성은 리트머스시험지를 이용해서 알아볼 수 있습니다. 산성에서는 리트머스시험지가 무슨 색으로 변할까요? 그래요. '산적'이 나타납니다. 산에서는 적색, 즉 붉은 색으로 변하지요. 그럼 알칼리성에서는요? 푸른색을 띱니다.

사람의 피는 산도(pH)가 7.4인 약알칼리성입니다. 여기서 ±0.02 범위를 벗어나 7.38 이하거나 7.42 이상이면 치명적일 수 있다고 합니다. 육식을 많이 하면 병에 잘 걸린다고 하지요? 범인은 고기가 몸에서 분해되면서 나오는 요산입니다. 요산 때문에 피의 pH가 떨어지는 것이죠. 그래서 혈액을 중화시키는 알칼리성인 채소나 과일을 많이 먹도록 권하는 것입니다. 지나치게 육식을 좋아하면 건강에 해로운 것이 사실이지만 그렇다고 아주 안 하는 것도 이롭지 않습니다. 일상생활에서는 어떤 것에도 치우치지 않는 태도가 바람직합니다.

그래도 혈액의 pH가 그리 쉽게 변하지 않기 때문에 크게 걱정을 안 해도 됩니다. 혈액은 '완충능'이라는 능력이 있어서 알칼리성 식품인 과일이나 산성 식품인 고기를 많이 먹어도 좀처럼 변하지 않게 하기 때문이죠.

그럼, 흙은 어떨까요? 실험을 한번 해보세요. 맹물에 염산이나 양잿물(가성소다)을 한 방울 떨어뜨려봅니다. 그럼 금세 pH가 오르락내리락 하지만, 흙을 조금 풀어 넣으면 좀처럼 pH가 변하지 않지요. 흙도 우리의 피처럼 완충능이 있어서 그렇답니다.

흙의 pH도 매우 중요합니다. 앞서 설명한 것처럼 pH가 한쪽으로 쏠리면 여러 가지 문제가 생겨 대부분의 식물이 잘 자라지 못한답니다. 그 이유는 여러 가지죠. pH에 따라서 흙에 있는 양분의 유효도가 달라집니다. 흙이 산성으로 되면 그 속에서 잠자던 철(Fe)과 알루미늄(Al)이 깨어나 질소 다음으로 중요한 인산과 결혼합니다(특히 우리나라 흙이 그렇습니다). 이렇게 생긴 인산철과 인산알루미늄은 식물이 빨아먹을 수 없어요(이 현상을 '인산의 고정'이라고 하지요). 한편 강산성이 되면 질소는 아질산(NO_2)가스로 되어 하늘로 도망가지요.

원래 우리나라 흙은 pH 5.2~5.4 범위의 산성토양입니다. 중성 (pH 7.0)에서 질소-인산-칼리의 유효도를 100이라 할 때, 우리 흙이 pH 5.5라면 유효도가 77-48-77에 그치지요. 질소-인산-칼리 비료를 각각 100kg씩 준다면 그중 23-52-23kg은 쓸모없는 꼴이 되고 말지요.

물론 이것 말고도 뿌리를 망가뜨려 양분과 수분의 흡수를 떨어뜨리는 등 많은 문제가 생기게 됩니다. 그래서 흙의 pH를 6.5~7.0으로 맞춰주는 것이 농사의 기본이라고 말하는 것이죠.

그렇다고 수소이온이 언제나 몹쓸 짓만 하는 건 아닙니다. 독수리들은 썩은 동물의 시체를 먹고 사는데도 식중독에 걸리지 않습니다. 그 이유는 독수리의 위가 pH 1의 강산인 위산을 분비해서 그런 거예요. 위산이 먹이에 있는 독소나 해로운 균을 죽이거든요.

이런 '산 처리'로 2010년 우리나라를 휩쓴 구제역을 예방한 예는 매우 유명합니다. 2010년 5월 구제역이 창궐했을 때 유산균과 구연산의 살균 작용으로 구제역을 예방했는데, 이때 큰 공을 세운 분이 바로 다음 장에서 '퇴비' 이야기를 들려주시는 정대이 선생님이죠.

이와 같이 산은 식물이 필요할 때 양분을 만들어줍니다. 사막에서 선인장이 살아가거나 바위틈에서 소나무가 살 수 있는 것은 모두 수소이온의 덕택입니다. 뿌리에서 양분을 흡수한 만큼 배설한 수소이온은 염산이나 황산처럼 강산성을 띠기 때문에 모래와 바위를 녹여 그 속에 숨어 있던 각종 양분을 녹여냅니다. 그 덕분에 바위와 모래에서도 식물이 살 수 있는 거고요.

흙이 산성이면 주인 골을 때려요!

흙의 산도가 6.5~7.0 범위에 있을 때 대부분의 작물이 잘 자랍니다. 하지만 5.5~7.5 안에만 들어도 대부분의 작물에게는 견딜 만하지요. 내 땅의 흙이 강산성(pH 5.5 이하)이거나 알칼리성(pH 7.5 이상)이면 주인의 골을 때리게 됩니다. 첫째는 생산성이 떨어져서 그렇고, 둘째는 질소가스가 계속 나와서 두통을 일으키기 때문입니다.

쌤이 살고 있는 경기도 오산시에서 멀지 않은 평택시에 오이하우스 농가가 있어요. 얼마 전 그곳을 다시 찾아갔어요. 지난 30여 년 동안 오이농사를 지어온 그 농가는 90년대 초 쌤이 창안한 그린음악농법을 활용해서 퍽 재미를 보았는데, 그게 인연이 되어 지금껏 교분을 나눠왔어요. 그런데 그의 오이 밭은 뜻밖에도 초짜 오이농사꾼의 밭보다 더 형편없을 만큼 엉망이었어요. 잎은 축 늘어지고, 마치 염산이라도 뿌려놓은 것처럼 타서 누렇게 변해 있었거든요. 깜짝 놀라서 흙의 산도를 측정해보니 놀랍게도 4.3이 나오더라고요. 심한 곳은 3.7까지 떨어져 있었고요.

흙의 산도가 5.5 이하로 떨어지거나 7.5 이상으로 올라가면 흙 속의 질소가 밖으로 탈출하게 됩니다. 때 맞춰서 오이 잎에 이슬이 맺히면 질소가스는 이슬에 녹아들고 마르면서 잎을 타게 만드는 것입니다. 그 가스는 이슬이 맺힌 비닐에도 역시 녹아드는데, 그 물방울이 오이 잎에 떨어지면 마치 병이 든 것처럼 잎이 타버리고 만답니다.

흙 속의 질소 함량을 측정해보았더니 정상치의 반밖에 나오지 않았습니다. 주인은 지난 6년 동안 유기질비료만 주고 석회비료를 전혀 주지 않았다고 하더라고요. 그러는 동안 오이가 흙 속의 칼슘과 마그네슘을 거의 다 빨아먹어서 산성이 되고 만 것이지요. 실제로 유기물, 특히 가축의 똥·오줌에는 질소-인산-칼륨은 많이 들어 있

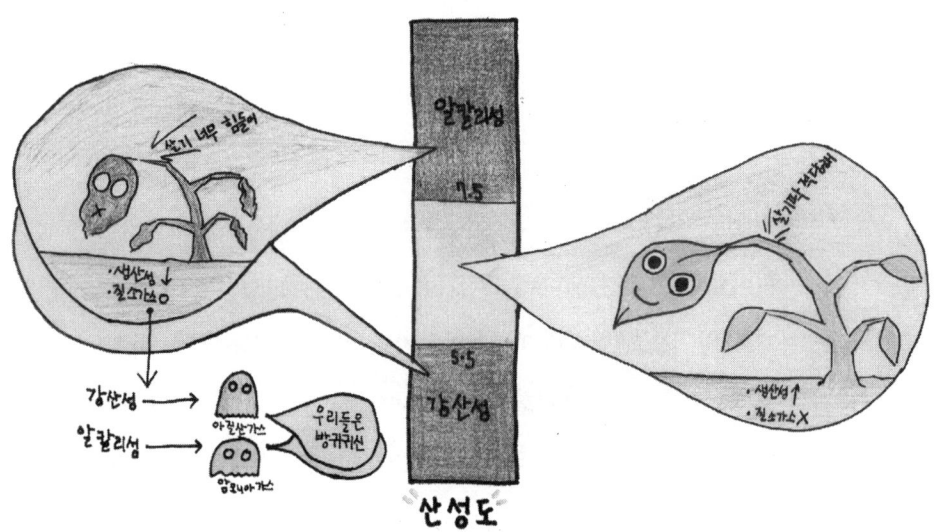

지만 칼슘과 마그네슘은 적거든요. 게다가 작물은 양분을 먹고 강산성인 배설물을 쌉니다. 그러니 흙이 점점 강산성을 띨 수밖에요.

질소는 강산성에서 아질산가스(NO_2)로, 알칼리성에서는 암모니아가스(NH_3)로 변하면서 공기 중으로 탈출합니다. 이런 반응은 순식간에 일어나요. 이렇게 되면 흙 속에 질소가 부족해지고 오이의 끝이 가늘어지게 됩니다.

강산성이거나 강알칼리성에서는 질소가 계속해서 공기 중으로 나오기 때문에 거기서 일하는 주인의 코로 들어가서 골치를 아프게 한답니다. 이게 바로 질소가 만든 '방귀 귀신'이죠. 비닐하우스에서 곧잘 주인의 골치를 아프게 만드는 것도 실은 높은 온도와 농약 때문만이 아닙니다. 이렇게 생긴 질소가스도 톡톡히 한몫을 하니까요. 그러므로 흙의 산도를 6~7로 맞춰주는 것은 농사를 잘 짓는 비결인 동시에 주인의 건강을 지키는 일이기도 합니다.

비료 방귀는 무섭다

죽은 비료가 방귀를 뀌다니요? 정말일까요? 네, 사실입니다. 비료는 실제로 방귀를 뀐답니다. 바꿔 말하자면 비료 방귀는 '질소 비료가스', 즉 '방귀 귀신'입니다. 화학비료를 주고 그 위에 비닐을 덮어주고 나면 이런 일을 한두 번 겪지 않은 농민이 없을 겁니다. 다만 그게 질소비료의 탓인지 모를 뿐이죠.

비료 방귀는 일반 밭에서도 자주 목격하지만, 시설하우스에서 더 자주 일어납니다. 하지만 대개 비료를 많이 줘서 그런 것으로 오해하지요(염류장해). 질소-인산-칼리 비료 중에 방귀를 뀌는 비료는 어떤 것일까요? 질소만 방귀를 뀐답니다. 다른 두 가지 비료는 원래 광석으로 만든 비료라 가스가 나오지 않지만, 질소비료는 공기 중의 질소를 붙잡아서 방귀를 만듭니다. 그 때문에 질소는 기회만 있으면 잡아온 꿩 새끼처럼 도망치기 바쁩니다. 도망갈 때 제 몸만 빠져나가면 좋을 텐데, 이 녀석은 꽤나 심술궂어서 작물이 있으면 꼭 해코지를 하고 갑니다. 화학비료만 그런 게 아니고 유기질비료도 방귀를 뀌는 것은 마찬가지죠.

오이의 경우엔 비료 방귀가 치명적이랍니다. 비료 방귀를 맞는 순간 병에 걸린 것 같은 증상을 보이고, 심하면 시름시름 시들다가 죽어버리지요. 가지는 잎이 누렇게 떠버리고, 딸기도 잎이 시듭니다. 뿌리가 가스를 맞아서 벌어진 일이라 손을 쓸 도리가 없습니다. 뿌리가 해를 입으면 물도 양분도 흡수할 수 없으니까요.

이런 곳에서 흙의 산도(pH)를 재보면 높은 곳은 7.9, 낮은 곳은 4.2로 강알칼리성이거나 강산성을 보입니다. 질소 성분은 알칼리성에서는 암모니아가스(NH_3)가 되고, 강산성에서는 아질산가스(NO_2)가 되어 흙 밖으로 도망칩니다. 그 과정에서 주변에 있는 작물은 해를 입게 되고요. 그래서 무엇보다도 비닐하우스 농사를 짓는 농민은 반드시 산도측정기를 이용해서 수시로 흙의 pH를 측정해야 합니다. 대부분의 작물이 좋아하는 6.0~7.0의 산도 범위에 맞춰주려는 노력을 게을리 하면 안 된답니다.

우리는 의좋은 흙 속 삼형제

얼마 전 일입니다. 남미의 아이티에서 흙으로 케이크를 만들어 먹는다는 보도가 있자 많은 사람들이 "흙을 먹고 살 수 있느냐?"고 물어보더군요. 아이티뿐만 아니라 북한에서도 그런 일이 종종 일어난다고 합니다.

흙 속에는 사람에게 꼭 필요한 전분이나 단백질 같은 유기영양분이 없으므로 흙만 먹고서는 절대로 살 수가 없답니다. 아이티 사람들이 '진흙 케이크'를 먹는 것은 살기 위해서가 아니라, 참기 힘든 허기를 잠시 잊기 위해서죠. 아이티의 경우에는 20년 전만 해도 쌀이 남아돌았답니다. 그런데 값싼 미국 쌀을 사서 먹다 보니 국내 쌀농사가 다 죽어버렸지요. 그 결과 '진흙 케이크'까지 먹게 된 것이고요. 여러분이 우리 쌀을 많이 먹고, 꼭 지켜야 하는 이유도 바로 여기에 있어요.

앞에서 말했듯이 흙의 주원료는 용암이 굳어진 바위가 부스러진 알갱이입니다. 거기에 물과 공기, 그리고 흙에 살았던 식물과 동물들의 시체(99.999%는 식물의 시체)가 함께 버무려진 게 흙이죠. 우리는 흙을 이루는 물질이 고체냐, 액체냐, 기체냐에 따라 세 가지로 나눕니다. 흙 알갱이와 유기물을 고상(固相), 공기를 기상(氣相), 물을 액상(液相)이라고 하고, 이 세 가지를 '흙의 삼상(三相)'이라고 부릅니다. 쉽게 말하면 '흙 속의 삼형제'라 할 수 있지요.

이 세 가지의 합을 100%라 할 때 작물에게 가장 적합한 삼형제의 균형은 50%의 고상, 기상과 액상이 각각 25%인 상태입니다. 더욱 더 이상적인 상태는 고상 50% 중에 유기물이 5% 이상 들어 있

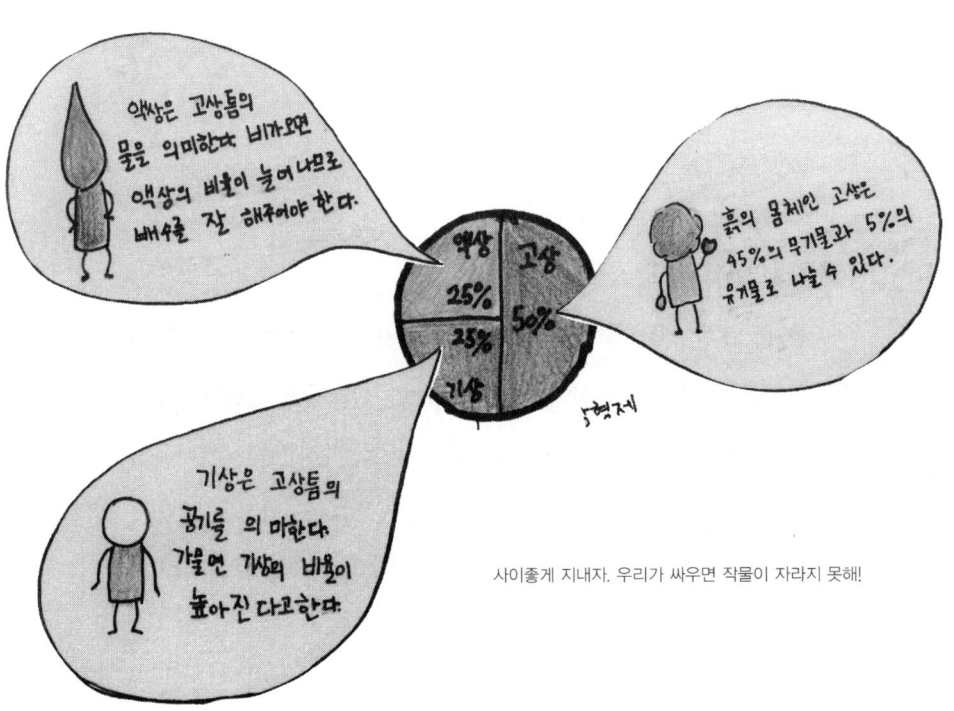

사이좋게 지내자. 우리가 싸우면 작물이 자라지 못해!

는 흙이지요. 유기물이 많으면 많을수록 좋은 흙인데, 우리나라 흙에는 유기물이 평균 3% 미만 들어 있습니다. 일본의 경우에는 7% 들어 있고요.

삼형제의 비율은 끊임없이 변합니다. 고상 50%는 그대로지만 가물게 되면 기상이 25% 이상, 장마가 지면 액상이 25% 이상으로 늘어나지요. 물론 이렇게 되면 균형이 깨지고 작물은 제대로 자라지 못합니다. 소출이 높은 땅을 만들려면 물빼기(배수)와 물대기(관수) 시설을 다 갖춰야 합니다. 요즘은 밭에도 물대기 시설을 해놓은 데가 많습니다. 문제는 밭의 어떤 곳은 배수가 나빠 물이 고이는 바람에 작물이 누렇게 뜬다는 것입니다. 이런 부분은 밭이랑을 다소 높여주면 됩니다. 그러면 과습(습기가 과하게 많은 것)의 피해를 줄일 수 있습니다.

흙 알갱이에도 대·중·소가 있다

흙은 흙 알갱이 하나하나가 모여 만들어진 덩어리입니다. 물을 채운 컵에 흙덩이를 넣고 저어주면 흙탕물이 생기지요. 그대로 놓아두면 천천히 맑아집니다. 저어주고 나서 바로 가라앉는 것은 무거운 것들, 즉 자갈 아니면 모래이고요, 하루가 지나도 여전히 흙탕물로 남아 있는 것도 있어요. 물이 빨리 맑아지는 것은 모래흙이고,

하루나 이틀 걸려서 맑아지는 흙은 찰흙입니다.

흙 알갱이는 크기에 따라 대·중·소, 즉 모래·미사·점토로 나눈답니다. '흙'이라고 부를 수 있으려면 알갱이 크기가 2mm 이하가 되어야 합니다. 이보다 크면 흙이 아니라 '자갈'로 친답니다. 우리가 보통 말하는 자갈은 주먹만 한 돌멩이를 뜻하지만, 과학적으로 구분하면 이보다 훨씬 작은 것부터 자갈에 속합니다. 그러니까 흙이라는 명함을 달려면 무조건 2mm 이하로 크기가 작아야 합니다. 왜 그럴까요? 만일 크기가 2mm 이상이면 화학적으로 아무런 역할을 하지 못하기 때문이죠. 앞서도 말했지만 흙은 여자, 즉 음(-)의 성질을 가지고 있어서 남자, 즉 양(+)의 양분을 가질 수 있습니다. 그러나 자갈은 워낙 크기가 커서 이런 전기적인 성질이 없답니다. 그래서 화학적인 기능도 없는 것이지요.

그렇다고 자갈이 나쁜 것만은 아닙니다. 흙의 골격을 만들어주고, 열대지방에서는 자갈의 겉면에 아침이슬이 맺혀 주변 흙에 수분을 공급해주는 중요한 역할도 하거든요.

알갱이의 크기는 대·중·소로 나눠서 이름을 붙입니다. 2mm부터 0.02mm까지는 모래, 0.02mm부터 0.002mm까지는 미사(가는 모래), 그리고 그보다 작은 알갱이는 점토라고 합니다.

모래 알갱이는 물 빠짐이나 경운하기가 좋은 반면에 양분과 물을 지니는 능력이 모자라 높은 수량을 낼 수 없습니다. 모래와 점토의 중간 크기인 미사는 양분과 물도 상당히 지닐 수 있고, 쉽게 풍화되어 양분을 많이 내놓지요. 유럽, 미국, 중국의 곡창지대는 대부분 미사질 토양이랍니다. 점토는 양분이나 물을 지닐 수 있는 성질이 모래나 미사보다 월등하게 커서 좋지만 배수가 나쁜 것이 단점입니다.

이 세 가지 알갱이의 비율에 따라 식토-식양토-양토-사양토-미사토-사토 등 12가지의 흙으로 나눕니다. 이렇게 흙의 알갱이의 크기와 비율에 따라 붙인 이름을 토성(土性, texture)이라고 하지요. 흔히 '토성' 하면 여자 흙, 남자 흙으로 따지거나, 산성 알칼리성과 같이 산도를 따지는 것으로 오해하기도 한답니다.

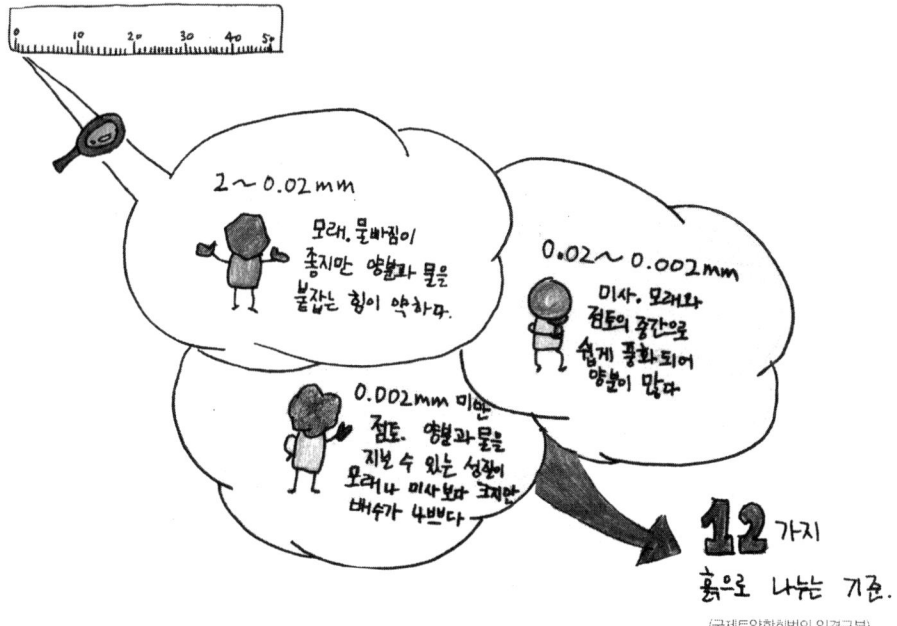

2~0.02mm
모래. 물빠짐이 좋지만 양분과 물을 붙잡는 힘이 약하다.

0.02~0.002mm
미사. 모래와 점토의 중간으로 쉽게 풍화되어 양분이 많다.

0.002mm 미만
점토. 양분과 물을 지닐 수 있는 성질이 모래나 미사보다 크지만 배수가 나쁘다.

12가지
흙으로 나누는 기준.

(국제토양학회법의 입경구분)

작물은 토성에 따라 잘 되기도 하고 잘 안 되기도 해요. 어떤 작물은 식질토에서, 또 어떤 작물은 사질토에서 잘 되지요. 벼는 식질토에서 잘 되고, 땅콩은 사질토에서 잘 된답니다. 서로 바꿔 심으면? 잘 자라지 않아 손해를 보거나 실패를 보게 됩니다. 사질토에 벼를 심으면 그런 논을 '시루논'이라 하여 시루에 물을 담으면 술술 새듯이 물만 대면 밑으로 새서 벼가 자라지 못한답니다. 또 식질토에 땅콩을 심으면 물이 너무 많아서 땅콩이 썩어버리고 말지요. 식양토에서는 콩이 잘 되고, 사양토에서는 참외가 잘 됩니다. 내 땅의 토성을 알고 그에 알맞은 작물을 가꾸는 것은 지혜로운 농부가 되는 첫걸음입니다.

우리 흙은 창고가 작다

쌤은 키가 작은 만큼 뱃구레도 작아서 식당에 가면 언제나 밥을 너덧 숟갈 덜어서 옆에 있는 친구 밥 위에 얹어줍니다. 덜 먹는 것도 억울한데 친구들한테 '고양이 밥' 먹는다고 놀림까지 받지요. 그러면 속으로 "밥 많이 먹으면 일찍 죽는다더라"며 혼자 위안을 합니다. 실제로 의학자들은 위를 8할 정도 채우는 것이 '건강의 비결'이라고 말합니다. 국제적으로 공인된 사실이기도 하고요. 어쨌거나 쌤의 위장에게는 밥 두 그릇은커녕 한 그릇도 많은 모양입니다.

흙에도 뱃구레, 즉 양분을 저장하는 창고가 있어요. 그 창고가 크면 비료를 많이 저장할 수 있고, 작으면 조금밖에 저장할 수 없지요. 남는 비료는 지하로 흘러 들어가거나 지하수를 오염시키거나 빗물에 씻겨 내려가 시내와 강, 바다를 오염시키지요.

흙에서 비료를 저장하는 창고의 크기를 가리켜 '양이온교환용량(Cation Exchange Capacity, CEC)'이라고 합니다. 양이온, 말하자면 남자(+) 성분인 칼륨(K^+), 칼슘(Ca^{2+}), 마그네슘(Mg^{2+}) 등을 얼마나 많이 저장하는가 하는 크기이죠. 창고의 크기는 흙의 여자(-) 크기가 얼마큼인가에 달려 있어요.

미국이나 유럽의 곡창지대에는 30~100가마의 비료를 저장할 수 있는 흙이 대부분입니다. 이에 비해 우리나라 흙은 10가마(정확히 말하면 $cmol_c kg^{-1}$, '킬로그램당 센티몰'이라는 단위를 쓴답니다)밖에는 저장할 수 없어요. 비옥한 흙은 양분을 저장하는 창고가 크답니다. 우리나라 흙도 100가마쯤 저장할 수 있었다면 지금보다 훨씬 더 잘 살지 않았을까 하는 아쉬움이 남습니다. 하지만 더욱 아쉬운 것은 흙이 산성이라 10가마를 넣을 자리 중에 2~3가마, 심하면 5가마까지 '흙 속의 깡패 수소(H^+)'란 놈이 차지하고 있어서 양분을 저장하는 공간이 줄어든다는 점입니다.

그런데도 우리나라를 '삼천리금수강산'이라고 하는 이유는 어디 있을까요? 아마도 우리 조상님들이 이 점을 깨닫고 부지런히 퇴비를 만들어 흙에 넣고 농사를 지은 덕분이겠죠. 퇴비의 뱃구레는 250가마로 우리나라 흙의 25배나 더 많은 비료를 저장할 수 있으니까요.

우리나라 흙을 좋게 만들려면 먼저 깡패 수소를 내쫓아 비료가 들어갈 공간을 확보해야 합니다. 그것이 가장 시급하지요. 수소를 내쫓을 수 있는 것은 흙의 폴리스(police) 역할을 하는 석회입니다. 석회에 들어 있는 칼슘(Ca)은 수소를 내쫓고, 그 자리에 있다가 비료가 들어오면 순순히 자리를 넘겨줍니다. 나아가 큰 창고를 지어주면 더 좋겠지요. 흙에서 말하는 큰 창고란 유기물입니다. 앞서 말한 것처럼 유기물이란 녀석의 창고는 흙보다 25배 더 크니까요. 말하자면 250가마를 저장할 수 있다는 뜻이죠. 늦가을부터 이른 봄까지 농촌에서는 비교적 한가한 농한기에 석회와 유기물로 흙의 창고를 더 크게 만들어주면 이듬해 농사가 훨씬 풍요로워진답니다.

흙 알갱이를 붙여주는 본드는 무엇일까요?

쌀이 풍족한 시대에 사는 여러분은 '안남미(安南米)'가 뭔지 모를 거예요. 하지만 50대 이상의 세대들은 '안남미' 소리만 들어도 고개를 저을 겁니다. 입안이 버석버석해지는 느낌 때문에요. '안남'은 베트남을 가리키고, 안남미는 베트남에서 생산한 쌀을 뜻합니다. 통

흙알구조 ……

떼 알구조

뭉치면 살고, 흩어지면 식물이 죽는다!

일벼가 나오기 전, 그러니까 1970년대까지만 해도 우리나라는 쌀이 모자라서 베트남 쌀을 수입해서 먹었답니다. 베트남 쌀은 알이 길쭉하고 찰기가 없는 열대지방 종이라 식은 밥을 후~ 불면 날아갈 정도였어요. 워낙 끈기가 없어서 먹고 일어서면 그 즉시 배가 허전해지곤 했답니다. 찰기 있는 밥이 우리에게 유익하듯이 식물에게도 찰기 있는 흙이 좋습니다.

흙의 찰기를 시험하려면 흙덩이를 물에 담가보면 됩니다. 모래흙은 알알이 모두 풀려 바닥에 가라앉지만, 어떤 흙은 흙탕물이 조금 일어날 뿐 고스란히 덩이째로 바닥에 가라앉지요. 흙 1g에는 모래알갱이와 점토가 6백만~9천억 개 정도 서로 엉겨 있다고 했지요? 알갱이들은 원래 알알이 놀았지만, 본드가 알갱이들을 서로 붙여놓아 덩이를 만든 거예요. 알갱이가 워낙 작은 점토는 본드로 붙인 것처럼 한번 붙으면 엄청난 힘을 가해도 좀처럼 떨어지지 않습니다. 하지만 모래 알갱이는 웬만하면 쉽게 흩어집니다.

본드로 붙인 것처럼 알갱이들이 서로 붙어 있는 상태를 '떼알조직'이라 하고, 모래처럼 흩어져 있는 상태를 '홑알조직'이라고 합니다. 그럼 어떤 쪽이 농사에 좋을까요? 물론 떼알조직입니다. 흙덩이를 보면 50%는 흙 알갱이고 나머지 50%는 공간입니다. 이 공간은 물과 공기로 채워져 있다가 뿌리가 달라고 할 때마다 공급해주지요. 홑알조직은 알갱이들이 이 공간을 메우고 있는 상태라 물과 공기가 있을 곳이 없어요. 공기가 적으니 뿌리는 숨이 막히고, 물이 모자라니 목이 탑니다. 물론 공간이 없이 흙으로 빽빽하게 차 있으니 뿌리가 제 맘대로 자유롭게 뻗을 수도 없고요. 이래저래 잘 자라지 못하게 되는 거지요.

그래서 알갱이들을 붙여주는 본드가 절대적으로 필요한 겁니다. 그럼 흙의 본드는 무엇일까요? 우리가 보통 쓰는 본드로도 될까요? 아니지요! 흙에는 흙의 본드가 따로 있답니다. 유기물과 석회가 바로 흙의 본드입니다. 곰팡이와 같은 흙 속의 미생물은 유기물 진을 내서 흙 알갱이를 서로 붙여줍니다. 남성(+) 성질이 강한 석회는 여성(-)인 흙 알갱이들을 양팔로 꼭 붙잡아서 서로 붙여주지요. 유기물과 석회는 이렇게 홑알조직을 떼알조직으로 만들어준답니다.

흙에도 노숙자가 있다

세계 경제가 나빠지면서 우리나라 경제도 나빠져서 노숙자들이 또 생겼다네요. 추운 겨울에도 돌아갈 집이 없는 그분들이 어떻게 견딜지 답답합니다. 몇 해 전에 일본의 동경에 가보았는데 '우에노 공원'에도 노숙자들이 제법 많더군요. 그래도 그곳 노숙자들은 우리보다는 생활이 나은 편이랍니다. 겨울이 훨씬 덜 추운데다 자선 단체들이 주변 음식점에서 팔지 못한 음식을 날마다 거둬서 나눠

주기 때문입니다. 노숙자들이 모두 집으로 돌아갈 수만 있다면 사회는 훨씬 밝아질 텐데요.

흙 속에도 '노숙자'가 있습니다. 도시의 노숙자가 말썽을 일으키는 경우는 그렇게 흔하지 않지만, 흙에 노숙자가 생기면 엄청 심각한 상황이 벌어집니다. 일반 밭에서는 드문 일이지만, 시설하우스에서는 노숙자가 생기는 순간 애써 지은 농사를 망치게 마련이지요. 흙의 노숙자들이 일으키는 문제를 과학적인 표현으로 '염류장해'라고 합니다.

흙에는 왜 노숙자가 생기는 걸까요? 흙 속 노숙자의 정체는 바로 떠돌이 비료입니다. 앞에서 쌤이 "우리나라 흙은 비료를 10가마 정도 지닐 수 있다"고 말했지요? 여기에 비료를 20가마 주면 10가마는 들어갈 집이 없어지겠죠? 그러니 노숙자 신세가 될 수밖에요.

실제로 우리나라 농민들은 세계에서 비료를 많이 주기로 이름이 났어요. 옛날 화학비료가 없었을 때는 두엄과 인분으로 겨우 농사를 짓다가 유안(황산암모늄)이 나오자 모두 그 효과에 놀랐지요. 그리고 1970년대 이르러 산에 밭을 처음 만들면서 인산비료인 용성인비를 주었더니 그 효과가 매우 좋은 것을 확인하고서 다시 한 번 놀랐지요. 우리나라 농민들은 비료 주는 것을 참 좋아합니다. 20년 이상 너무 많이 주어서 그런지 흙 속에 비료가 엄청나게 쌓여 있답니다. 그래도 염류장해가 나타나지 않은 것은 비 덕분이죠. 비가 노숙자를 땅속과 냇물로 스며들게끔 씻어주었기 때문입니다. 그러는 동안에 우리의 지하수와 하천은 많이 오염되었고요. 비가 들어갈 수 없는 비닐하우스는 그래서 고스란히 노숙자들의 천지가 되는 거예요. 염류장해를 일으키는 흙의 노숙자들은 정말 골치 아픈 존재지요. 노숙자를 만들지 않으려면 비료를 알맞게 주는 것이 가장 좋은 대책입니다. 요즘은 농업기술센터에서 무료로 흙을 분석해주고 처방까지 내려준답니다. 그것도 공짜로요. 그러니까 농업기술센터를 적극 활용하면 좋겠지요?

전기가 잘 통하는 흙은 나쁘다

사람 사이의 관계에서 전기가 잘 통하는 건 좋은 현상이죠? 그런 사이라면 자잘한 사정을 미주알고주알 주고받지 않아도 맘과 맘이 서로 통해서 일이 척척 잘 돌아가지요.

그러나 흙은 사람과 정반대입니다. 흙에서 전기가 잘 통하면 심각한 문제가 생긴답니다. 작물이 살 수가 없기 때문이지요. 전기가 잘 통하느냐 않느냐는 '전기전도도'로 판단합니다. 흙에다 전기를 흐르게 했을 때 잘 통할 경우 전기전도도가 높고, 반대로 잘 통하지 않으면 전도도가 낮은 것입니다.

전기를 잘 통하게 하는 것은 무엇일까요? 비료 그 자체는 남자(양이온)와 여자(음이온)가 결합되어 있는 중성(분자상태)이랍니다. 이 비료가 흙에 들어가서 물에 녹으면 각각 남자와 여자, 즉 이온상태로 분리됩니다. 말하자면 별거를 하게 된다고나 할까요. 쯧쯧! 이러면 안 되는데……. 이 이온들은 전기적인 상태에 놓이기 때문에 전기를 흘리면 잘 통하게 한답니다. 이온 즉 비료가 많으면 많을수록 전기가 잘 흐르겠지요? 그래서 전기전도도가 높아지는 거고요.

예를 들어봅시다. 증류수에 전기를 흘리면 전기가 안 통합니다. 즉 전기전도도가 영(zero)입니다. 거기다 소금(Nacl)을 풀면 전기가 잘 통합니다. 즉 전기전도도가 높아지는 거지요. 소금은 물을 만나면 남자(양이온, Na^+)와 여자(음이온, cl^-)로 분리되기 때문에 전기를 잘 통하게 하는 거지요. 양이온과 음이온이 전기를 잘 날라주기 때문입니다. 약간 골치가 아파지려고 하나요?

이 정도는 아무 것도 아니랍니다. 이해가 잘 안 된다면 조금만 참고 몇 번 읽어보세요. 그럼 머릿속이 뻥! 뚫리면서 이해될 거예요.

흙 속에 이온(비료 즉 노숙자)이 많으면 많을수록 전기가 잘 통하고, 따라서 전도도가 높아지지요. 비료를 많이 주면 줄수록 흙 속에는 양이온과 음이온의 숫자가 많아지거든요. 그럼 그런 흙 속에 뿌리를 박고 있는 배추는 어떻게 될까요? 마치 엄마가 김치를 담으려고 배추에 소금을 뿌릴 때처럼 뿌리가 절게 된답니다.

흙에 녹아 있는 이온들은 물을 빨아 자신의 몸을 코팅하기 때문에 흙 속에 물이 있어도 뿌리는 그 물을 빼앗아 먹기가 매우 힘들게 되거든요. 이온(노숙자)이 너무 많으면 뿌리의 세포액까지 빼앗아서 자신의 몸을 코팅하려 든답니다. 이렇게 되면 배추 잎이 소금에 절여지는 것처럼 뿌리 세포를 망가뜨리고 말지요. 이 현상을 '염류장해'라고 합니다. 비료를 마음 놓고 마구 주다가는 염류장해로 애를 먹게 되지요.

흙을 개량할 때 왜 유기물과 석회를 주어야 할까?

100% 완전한 인간이 드문 것처럼 100% 농사에 적합한 흙도 드물답니다. 특히 우리나라 흙은 더욱 그렇지요. 우리나라 흙이 가지는 공통적인 약점은 양분을 지니는 크기가 미국 곡창지대의 1/5~1/10에 불과하다는 것입니다. 또 흙의 어머니인 바위가 산성의 성질을 가지는 바위라 거기서 만들어진 흙은 산성이고요. 그런데도 비료를 많이 주어 노숙자는 많지요(영양과다증). 덕분에 상당량의 비료가 지하로 새고 있답니다.

이 같은 우리나라 흙을 개량하는 데는 유기물과 석회(논에는 규산질비료)가 최고입니다. 왜 그럴까요?

방이 10개 있는 집이 있다고 합시다. 그중 방 5개를 깡패(수소이온)가 점령하고 살고 있어요. 그래서 우리의 공부방도 없어지고 말았어요. 이들 깡패를 내쫓을 수 있는 건 폴리스밖에 없지요. 아까 쌤이 흙 속의 폴리스는 석회라고 했지요. 석회의 주성분은 칼슘(Ca)입니다. 석회는 깡패인 수소이온을 방 안에서 밖으로 내쫓을 수 있는 유일한 폴리스랍니다. 폴리스는 흙 알갱이 속으로 들어가 깡패를 다 내쫓고 방 10개를 모두 쓸 수 있게 해줍니다. 방에 들어간 석회는 손님이 오시거나 우리가 쓰자고 하면 선선히 방을 내줍니다. 다시 말해 석회가 그 자리를 차지하고 있으면 비료는 쉽게 들어갈 수 있다는 말이지요. 한편 석회는 흙의 pH를 높여주는데, pH가 높아지면서 숨어 있던 방 2~3개도 슬그머니 나타난답니다. 새 방이 생기면 그 방에 비료를 저장하게 되지요.

더욱 고마운 일은 폴리스인 석회가 흙의 pH를 중성 쪽으로 올려주면서 산성일 때 잠자고 있던 인산, 칼륨, 황, 몰리브덴, 구리, 붕소 등을 두드려 깨워서 빨리 뿌리로 들어가라고 재촉한다는 사실입니다. 뿌리도 "얼씨구나 좋다" 하면서 양분들을 쉽게 빨아먹고요. 그럼 작물은 어떻게 될까요? 잘 클까요? 잘 안 클까요? 맛있는 양분이 뿌리에서 막 올라오니까 아주 잘 크겠지요.

그럼 유기물은 어떤 효과가 있을까요? 세계 곡창지대의 흙은 양분을 저장할 수 있는 방이 50~100개인 반면, 우리나라 흙은 10개밖에 안 되어 매우 적은 편입니다. 이에 비해 퇴비와 같은 유기물은 무려 방을 250개나 가지고 있어요. 말하자면 방이 흙보다 25배나 많은 대형 콘도라 할 수 있지요.

그래서 이렇게 양분을 저장할 수 있는 방이 많은 유기물을 넣어주면 자연히 방의 개수가 늘어나서 양분을 더 많이 저장할 수 있게 되겠지요?

더구나 유기물은 14가지의 필수양분 말고도 벼에 좋은 규소(Si), 콩에 좋은 코발트(Co)와 셀렌(Se) 등도 가지고 있어서 작물을 잘 키우고 인체에도 좋은 여러 가지 미네랄을 공급합니다. 유기물을 흙에 줄 때 한 가지 주의사항이 있답니다. 유기물을 공기 중에 오래 놓아두면 삭아서 없어집니다. 그래서 주고 나서 갈아서 흙 속에 넣어주면 수백 년 동안 두고두고 효과를 내지요. 유기물이 흙 알갱이와 붙어 있으면 그 효과가 아주 오래 간답니다.

화학비료(무기질비료)는 전부 독일까요?

친구들과 밥 먹을 때 보면 유난히 상추쌈에 신경을 쓰는 사람이 있습니다.

"친구야, 이 상추 말이지, 비료랑 농약을 준 거야 아니야?"

"내가 어떻게 알아. 농약은 분석하면 알지만, 비료는 알 수가 없지. 나는 그런 거 신경 안 쓰고 맛있게 먹어."

사실 시시콜콜 따지는 그 친구가 쌤보다 더 자주 병원을 들락거

린답니다. 쓸데없는 걱정이 많은 탓일까요? 또 어떤 친구는 우리나라 논밭이 산성화된 게 모두 화학비료 탓이라고 말하더군요. 우리 중에도 열에 아홉은 화학비료가 인체나 흙에 독이라고 생각합니다. 과연 그럴까요? 천만에 말씀이에요. 화학비료 때문에 논밭이 산성으로 변했다는 말을 화학비료가 알아듣는다면 화를 막 낼 테지요. 왜냐하면 원래 우리나라는 흙의 할아버지인 바위가 산성의 성질을 띠고 있는데다 비가 많이 와서 양분을 씻어가기 때문에 산성일 수밖에 없답니다.

사람들은 흔히 편견을 가집니다. 유기질비료만 주어서 기른 유기농산물은 안전하고, 화학비료를 준 일반 농산물은 건강에 나쁘거나 무슨 병을 불러올 것이라는 생각이지요. 결론적으로 말하자면 유기질비료가 안전하다면 화학비료도 안전하고, 화학비료가 독이라면 유기질비료도 독이라고 할 수 있습니다.

그럼 유기질비료는 무얼까요? 유기질비료란 가축의 두엄, 볏짚이나 농산물의 찌꺼기 등과 같이 자연에서 나는 식물재료로 만든 비료로서 썩는 비료를 말합니다. 화학비료는 화학적인 공정을 거쳐서 만든 비료를 말하고요.

한 번 실험을 해볼까요?

고추를 심고 한쪽에는 화학비료, 반대쪽에는 유기질비료를 주어봅니다. 뿌리가 어떤 쪽으로 먼저 갈까요? 어떤 사람은 화학비료가 더 빨리 녹으니까 화학비료 쪽으로 먼저 간다, 어떤 사람은 퇴비에는 맛있는 성분이 많으니까 그쪽으로 먼저 간다고 대답합니다.

하지만 둘 다 아닙니다. 답은 "뿌리와 가까운 쪽으로 먼저 간다"입니다. 유기질비료는 일단 분해된 후에야 양분이 나오므로 대체적으로 늦게 나오지만, 일부의 질소와 칼륨 등은 곧바로 녹아나오기도 한답니다. 어쨌거나 식물은 양분이 화학비료에서 온 것인지, 퇴비에서 온 것인지 구별할 줄 모릅니다.

1840년까지 수천 년 동안 사람들은 흙에 있는 부식(유기물과 같은 물질)을 그대로 식물의 뿌리가 흡수한다고 믿어왔어요. 그리스의 유명한 철학자이자 해박한 아리스토텔레스조차도 부식 양분설(humus theory)을 주장했습니다. 이 설을 깬 사람은 독일의 식물영양학자 리비히(J. V. Liebig)였어요. 그는 식물이 빨아먹는 것은 부식이 아니라 부식이 분해되어서 나온 무기영양소라는 '무기양분설(mineral thoery)'을 주장했지요. 그의 주장은 농업사에서 획기적이고 혁명적인 것이었어요. 이를 토대로 1843년 영국에서 최초의 화학비료인 과인산석회를 만들어냈지요. 이렇게 발전한 것이 오늘날의 비료공업이랍니다. 지금은 식물이 어떤 양분을 얼마큼 요구하고, 그 성분이 모자라면 어떻게 결핍 증상이 나타난다는 것이 다 규명되었답니다.

유기물을 흙에 넣어주면 미생물이 공격해서 유기성분을 자신의 몸을 만드는 에너지로 쓴답니다. 그러다 보니 여러 가지 양분, 이를 테면 질소, 인산, 칼륨 등 식물이 필요한 필수성분을 저장한 창고인 유기물이 깨어져버리니까 저장되어 있던 양분들이 이온으로 쏟아져 나오지요. 그 순간 뿌리는 "이게 웬 떡이냐! 얼씨구!" 하면서 빨아먹는 거고요. 화학비료를 흙에 주면 미생물이 당장 먹을 게 없어서 덤비지 못하는 대신 물에 녹아 나오는데, 이때는 유기물에서와 같이 이온의 꼴로 나옵니다.

그러니까 식물은 흙 속에 있는 양분이 유기물에서 왔는지 화학비료에서 왔는지 구별하지 못합니다. 구별할 필요도 없고요. 그냥 즐겁게 먹어줄 뿐입니다.

옛날 사람들은 열이 나거나 치통이 오면 무엇을 먹었을까요? 여러분은 감기에 걸려 열이 나면 무엇을 먹나요? 대개 아스피린이나 타이레놀을 먹지요? 그럼 옛날 사람들도 아스피린을 먹었을까요? 아닙니다. 버드나무 줄기나 잎을 삶아 먹었어요. 1899년 이전까지만 해도 미국 인디언은 물론 유럽에서조차 감기에 걸리면 미루나무나 버드나무(이 둘은 버드나무과로 사촌 간이다)를 삶아 먹었어요. 지금으로부터 2천5백여 년 전 의학의 아버지라고 불리는 히포크라테스는 산모의 산통을 줄이거나 열을 내리는 데 삶은 버드나무 껍질을 사용했고요. 물론 효과는 좋지만 좀 귀찮았겠지요? 아플 때마다 버드나무 껍질을 삶아야 했을 테니까요.

1890년대, 당시 독일 바이엘은 합성염료를 생산하는 회사였는데 경쟁에 뒤져 망해가던 참이었어요. 그런데 이 회사를 살려준 것이 있었으니, 바로 버드나무였지요. 1899년 이 회사의 연구원인 뒤스베르크라는 화학자는 통증이나 열이 나면 버드나무껍질을 삶아 먹는다는 사실에 주목했어요. 그는 열을 내리게 하는 성분이 '살리실산'이라는 것을 알아냈고, 각고의 노력 끝에 아스피린, 말하자면 합성 살리실산을 만들어 시장에 내놓았지요. 아스피린을 먹으면 신기하게도 열이 떨어지고 감기가 나았어요. 이 한 가지 약으로 바이엘은 기사회생은 물론 일약 세계 제일의 제약회사가 되었지요. 아스피린은 지금도 세계에서 가장 많이 팔리는 명약입니다. 여러분도 주변을 잘 관찰하면 이렇게 훌륭한 아이디어를 얻을 수 있을지도 모릅니다.

우리가 선호하는 유기질비료인 가축분뇨에 들어 있는 양분도 알고 보면 화학비료에서 온 것입니다. 지난 해 중국의 흑룡강 성을 여행하면서 하루 종일 고속도로를 달렸는데 양쪽이 다 옥수수 밭이었어요. 만주 벌판 1000km가 모두 옥수수 밭으로 덮여 있는 것을 보고 깜짝 놀랐답니다. 10여 년 전, 가을에 연변공항에 착륙하면서 내려다보니 농가 앞뜰에 집 더미만큼 옥수수가 쌓여 있던데, 그 이유를 그때서야 알게 되었답니다.

미국의 곡창지대인 일리노이 주에도 우리 한반도 너비만큼의 옥수수 밭이 있어요. 그들은 무슨 비료를 줄까요? 그 넓은 평야에 퇴비를 줄 수는 없을 테고……. 화학비료조차 비행기로 뿌려줄 만큼 넓으니까요. 우리는 거기서 생산된 옥수수를 들여와 가축의 사료로 사용합니다. 그럼 사료를 먹고 싼 가축분뇨에 들어 있는 영양성분은 퇴비에서 온 걸까요, 화학비료에서 온 걸까요? 화학비료만 주고 재배했으니까 당연히 화학비료에서 온 거겠지요. 유기질비료만 주고 농사를 짓는다고 생각하지만 실제로 양분의 근원은 화학비료에서 온 것이랍니다.

옛날에 열이 나면 버드나무를 삶아 먹었지만 지금은 아스피린을 먹는 것처럼, 농사에도 화학비료가 없었던 옛날에는 퇴비를 주었지만 지금은 화학비료를 주고 있어요. 아스피린을 많이 먹으면 부작용이 나타나듯이 화학비료도 많이 주면 부작용이 나타납니다. 그렇다고 해서 아스피린이나 화학비료가 독 물질이라고 단정할 수 있을까요?

옛날 할아버지들처럼 거름을 지고 논밭으로 나가볼까요?

질소 1kg을 밭에 주려면 요소비료로는 2kg을, 소똥으로는 500kg을 주어야 합니다. 요소 한 포대 20kg과 같은 양을 소똥으로 주려면 약 5톤을 주어야 하지요. 어깨에 메고 가도 될 양을 경운기를 동원해야 합니다. 만일 경사가 급한 비탈 밭이라면요? 경운기도 별로 쓸모가 없겠지요.

물론 화학비료만으로 농사를 지을 수 있습니다. 하지만 유기질비료에는 아주 여러 종류의 양분이 들어 있기 때문에 유기질비료도 농사를 짓는 데 반드시 필요합니다. 양쪽 바퀴가 있어야 수레가 굴러갈 수 있듯이 화학비료와 유기질비료를 함께 써야 소출도 많이 나오고, 곡물을 오래 저장할 수 있고, 양분도 풍부해져서 농사가 살아납니다. "화학비료는 전부 독이다"는 생각은 "무엇이든지 과하면 독이 된다"는 생각과 함께 가야 합니다. 잘 정제된 좋은 약은 사람에게도 식물에게도 크게 해를 입히지 않습니다.

우리 텃밭에 무슨 비료를 줄까?

10평(1평은 3.3m^2)이나 20평의 작은 텃밭에는 무슨 비료를 얼마나 주면 좋을까요? 콩은 10아르(300평, 1,000m^2)에 질소-인산-칼리 3요소를 3-3-3.2kg을 주는데, 옥수수는 15.8-3-6.3kg을 줘야 한답니다. 고추도 심고, 상추도 심고, 배추도 심으려고 한다면 어떤 것을 기준으로 삼아야 할까요? 복합비료(질소-인산-칼리가 모두 들어 있는 비료)를 주면 좋지 않을까요? 차라리 퇴비를 주면 다 해결되지 않을까요?

이 같은 의문에 속 시원한 답을 내놓은 책은 어디에도 없습니다. 결론부터 말하자면 10평은 물론 30아르까지도 화학비료를 전혀 주지 않고 농사를 지을 수 있어요. 유기질, 특히 축분 위주로 해도 농사를 잘 지을 수 있고요. 유기물은 작물에 관계없이, 그 양에 관계 없이 줄 수 있거든요.

우리 동네 몇몇 농민들은 그렇게 농사를 짓는답니다. 늦가을 농사철이 끝나면 소똥, 돼지똥, 닭똥을 가리지 않고 100평에 한 차 꼴로 받지요. 밭 전체에 골고루 펴고, 경운기로 갈아서 흙과 함께 섞어줍니다. 겨울을 지나는 동안 잘 썩으면서 흙과 잘 어울려 지냅니다. 이렇게 축분을 먹고 자란 채소는 그렇게 맛이 좋을 수가 없답니다. 어려서 우리 아버지가 텃밭에서 기르던 채소의 맛 그대로입니다.

일본 지바현[千葉縣]의 세끼야[關屋]라는 농민은 10아르당 계분비료를 10톤, 많은 해에는 20톤까지 넣고 채소 농사를 짓는다고 합니다. 이것이 그가 주는 비료의 전부입니다. 20톤을 넣으면 5cm 두께로 깔려 마치 깊은 산을 걷는 느낌을 준다고 하네요. 물을 많이 지니는 것은 물론 물빠짐도 좋아지고 공기도 잘 통해서 참 좋은 흙이 된다고 합니다. 지렁이도 엄청 늘어나서 두더지가 문제이긴 해도 농사를 접을 만큼 심하지는 않다고 합니다.

그는 언제나 닭똥을 1년 동안 밭가에 쌓아놓고 비를 맞지 않게 해서 충분히 썩힌 후에 씁니다. 덜 썩으면 가스나 독성 때문에 뿌리가 피해를 받는다는 것을 알기 때문이죠. 시장에서는 그의 채소가 인기 최고입니다. 1년 내내 대놓고 가져가는 사람들이 많아서 파는데는 전혀 문제가 없답니다.

이렇게 축분만으로 농사가 가능한 이유는 무엇일까요? 축분에 상당량의 3요소가 들어 있기 때문입니다. 질소-인산-칼리가 1톤의 소똥에는 7-7-7, 돼지똥에는 14-20-11, 닭똥에는 18-32-16kg이나 들어 있어서 화학비료나 다름없지요. 하지만 바로 그 점 때문에 비닐하우스에서는 맘 놓고 축분을 쓸 수 없습니다. 일반 밭에서는 빗물이 넘치는 양분을 씻어주기 때문에 큰 문제가 없지만 비닐하우스에는 빗물이 들어갈 수 없으니까요. 그래서 특히 닭똥은 10아르당 1톤을 넘기지 않는 게 좋습니다.

유기질비료는 철, 아연, 구리 등 식물이 자라는 데 꼭 필요한 미량원소를 포함하여 각종 원소가 50가지 이상 들어 있는 종합비료라고 할 수 있어요. 화학비료는 흙 속에 들어가는 즉시 한꺼번에 많은 양분을 쏟아내지만 유기질비료는 천천히 분해하여 작물이 필요할 때 내놓고, 모자라면 뿌리가 접근해서 녹여 먹지요. 요즘은 잘 썩은 유기질비료가 20kg 포장으로 나와서 뿌리 주변을 파서 덮어주면 화학비료만큼 효과도 빨리 나타난답니다. 유기물은 엄마 같아서 안심하고 쓸 수 있는 비료라고 할 수 있어요.

땅도 숨을 쉰다

"땅도 숨을 쉽니다"라고 말하면 대뜸 "땅이 살았다고요?" 하면서 쌤한테 되묻는 사람이 많답니다. 눈으로 볼 수 없다 뿐이지 땅도 숨을 쉽니다. 흙의 표면을 조사해보면 이산화탄소는 나오고 공기는 들어가는 것을 관찰할 수 있어요. 말하자면 흙 표면에서 가스교환이 일어나고 있는 것이지요. 이게 '숨을 쉬는 것'이 아니고 무엇일까요?

이렇게 흙에서 산소를 소비하고 이산화탄소를 배출하는 현상을 토양학에서는 '토양호흡'이라고 부릅니다. 흙이 건강한지 아닌지는 토양호흡의 정도에 따라 따져볼 수 있습니다.

우리가 숨을 쉬는 공기는 질소 78%, 산소 21%, 이산화탄소 0.035%로 구성되어 있지만, 흙 속의 공기는 질소 75~80%, 산소 10~21%, 이산화탄소 0.1~10%로 산소는 낮고 이산화탄소가 공기에 비해 3~3천 배나 높습니다. 이런 경향은 땅속 깊이 들어갈수록 더 심해집니다.

그렇다면 왜 땅속 깊은 곳에서는 산소가 적어지고 이산화탄소는 늘어날까요? 일단 가스교환이 잘 이뤄지지 않기 때문이기도 하지만, 흙 속에서는 식물 뿌리가 호흡할 때, 그리고 미생물이 유기물을 분해할 때 이산화탄소가 생기기 때문입니다. 물론 흙 속에 사는 지렁이, 땅강아지, 두더지와 같은 동물들이 호흡할 때 생기는 이산화탄소도 있지만 이렇게 만들어지는 것은 너무 적은 양이라 무시해도 될 정도입니다. 뿌리가 만드는 이산화탄소의 양은 전체 이산화탄소의 35~50%로 뿌리가 많을수록 양이 늘어납니다. 나머지 50~65%는 유기물에서 나오므로 유기물의 영향이 더 크다고 할 수 있어요.

흙 알갱이 자체가 살아 있어서 숨을 쉬는 건 아니지만 어쨌거나 땅이 숨을 쉬는 건 맞죠? 일본에서 조사한 자료를 보면 산에서 연간 방출하는 이산화탄소는 그 산에 어떤 나무가 주종을 이루는가에 달려 있다고 합니다. 이산화탄소를 가장 많이 만들어내는 숲은 상록활엽수가 많은 숲으로 헥타르당 최고 47.2톤을 방출합니다. 그 다음이 낙엽활엽수 숲인데 여기서 나오는 이산화탄소가 29.7톤이라고 하네요. 너도밤나무 숲은 가장 적어서 18.1톤에 불과합니다. 이산화탄소의 양은 대개 그 숲이 생산하는 낙엽의 양에 비례합니다.

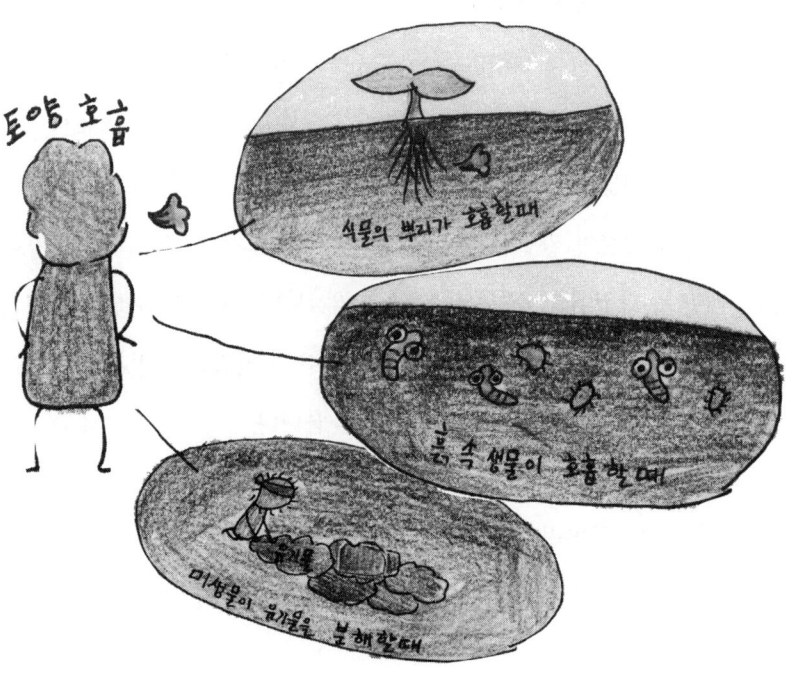

건강한 흙을 위해 숨쉬기 운동을 시작하자!

흙 속 이산화탄소의 양에 가장 영향을 크게 미치는 것은 '기온'입니다. 적도 근처로 갈수록 기온이 올라가므로 미생물의 활동도 점점 활발해져서 적도 바로 아래에서는 헥타르당 연간 63톤이나 생산됩니다. 우리나라 부산에서는 32.5톤, 서울에서는 29.7톤이 나오는 것으로 계산되지요.

토양호흡량이 높으면 그만큼 흙에 유기물이 많고 미생물의 활동도 활발하다는 뜻입니다. 흙이 활력이 높고 건강하다는 뜻이지요.

땅 껍질은 농사를 지켜준다

우리는 '껍질은 내버리는 것'이라는 고정관념을 가지고 있어요. 사과 같은 과일 뿐만 아니라 생선이나 고기 종류도 마찬가지에요. 곡식도 그렇고요. 벼의 껍질인 왕겨를 먹는 사람은 없습니다. 그러나 왕겨가 없으면 쌀밥을 먹을 수가 없어요. 예전에는 흉년이 들면 왕겨만 수확했어요. 곡식은 언제나 껍질부터 생기고 차츰차츰 곡간을 차곡차곡 채워갑니다. 서양 사람들은 과일껍질을 벗겨내고 과육만 먹는 우리 모습을 보면 이렇게 묻습니다.

"껍질에 좋은 성분이 다 있는데 왜 버리나요?"

"우리는 할아버지나 아버지한테 그렇게 배웠어요."

예전에는 사실 농약이 무서워서 그랬지요. 하지만 요즘은 그렇게 독한 농약은 만들지도, 치지도 못하게 법으로 엄격하게 금지하고 있답니다. 중요한 성분은 과일껍질에 다 들어 있으니까 무조건 벗겨내는 건 바람직하지 않습니다. 흐르는 물에 잘 씻어먹는 편이 현명하지요.

이제 '땅껍질' 이야기를 해볼까요? 농사를 짓는 데 그것만큼 중요한 게 없답니다. 유식한 말로 하자면 '토양의 피각(被殼)'인 땅껍질은 사과 껍질이 사과를 보호하는 것처럼 흙을 보호해서 농사를 지켜줍니다.

그러나 이런 땅껍질은 자연과 인간에 의해 끊임없이 파괴되고 있어요. 농사를 지으면서 파고, 갈면서 깨는 한편, 뿌리는 흙 알갱이에 붙어 있는 유기물과 양분을 빼앗지요. 이 두 가지 성분, 유기물과 양분은 흙 알갱이를 붙여주는 본드 역할을 하는데 이것들이 없어지면 알갱이들은 쉽게 흩어져 홑알이 되고 말지요.

거세게 쏟아지는 빗방울도 땅에 떨어지면서 흙 알갱이를 깨뜨립니다. 맹물인 빗물은 흙 알갱이를 붙여주고 양분을 희석해서 알갱이 사이를 벌여놓지요. 빗방울 때문에 깨진 알갱이는 땅껍질 구멍을 죄다 막게 되고, 그러면 땅은 숨을 쉬지도 물이 스며들지도 못합니다. 비가 오고 난 뒤 흙이 마를수록 껍질은 더욱 단단해집니다. 그러면 물이 들어가기가 더 힘들어지고 자연히 흙 속은 더욱 더 마르게 되고…… 결과적으로 작물에게 나쁜 환경이 되는 악순환이 반복되는 것입니다.

흙 속에는 많은 생물과 미생물이 숨을 쉬면서 살고 있어요. 그것들은 산소를 마신 만큼 이산화탄소를 토해내지요. 흙이 숨을 쉬어야 하는 이유가 여기에 있어요. 그런데 땅껍질의 구멍이 죄다 막혀버리면 땅껍질은 가스교환을 못 하게 됩니다.

구멍이 숭숭 뚫린 땅껍질을 잘 만들어주면 농사는 자연스레 살아납니다. 그럼 이런 땅껍질을 어떻게 만들 수 있을까요? 흙을 너무 자주 갈거나, 흙이 너무 마른 때 혹은 너무 진 때에 갈면 떼알이 깨져버립니다. 또 한 가지, 흙의 땅껍질을 보호하는 데 가장 중요한 것은 비의 직격탄을 피하는 일입니다. 그러려면 땅껍질에 무언가를 덮어주거나 풀을 기르면 됩니다. 즉 유기질비료를 준다거나 작물을 가꾸지 않을 때 녹비라고 하는 작물(호밀, 헤어리베치, 수단그라스 등)을 심는 거죠. 산성인 땅에서는 석회를, 알칼리성 땅에서는 석고(황산석회)를 뿌려주고요. 이것들은 모두 흙 알갱이들을 붙여주는 본드 역할을 해서 숭숭 구멍이 뚫린 땅껍질을 만들어준답니다.

장마는 흙 도둑, 양분 도둑

장마는 우리에게 쌀밥을 내려주기도 하지만 달갑지 않은 피해도 줍니다. 쏟아지는 장마 빗방울은 흙의 입장에서는 자애로운 엄마

66

의 손길이 아니라, 성난 야수의 채찍 같아서 엄청난 상처를 줍니다. 사람에게 피부가 있는 것처럼 흙에도 피부, 즉 겉흙이 있어요. 겉흙은 그 밑의 흙보다도 유기물과 양분이 많아서 조직이 잘 발달되어 있지요. 표토 10cm까지는 공간이 많아서 뿌리가 뻗기에 좋지만 아래쪽으로 갈수록 공간이 적고 치밀해서 공기나 물이 머무를 곳이 적지요.

그럼에도 불구하고 겉흙을 파보면 뿌리가 별로 없어요. 겉흙일수록 쉽게 자주 마르기 때문이에요. 그러나 비닐이나 짚으로 덮어주면 아주 많은 뿌리가 겉흙으로 몰려드는 것을 볼 수 있어요.

채찍 같은 빗방울이 겉흙을 때리면 두 가지 문제가 일어납니다. 빗방울침식(우적침식)이라 해서 흙 알갱이가 깨지면서 사방으로 튑니다. 알갱이들은 높이 70cm까지, 수평으로는 무려 사방 2m까지 퍼져나갑니다. 깨어진 흙 알갱이는 표토의 작은 구멍(이 구멍들을 통해 빗물과 신선한 공기가 땅속으로 들어가고 탁한 가스가 밖으로 나옵니다)들을 모두 메워버립니다. 흙 속으로 들어가지 못한 빗물은 표면으로 흐르면서 표토를 깎지요. 겉에 있는 고운 흙 1mm가 만들어지기까지 100년 이상 걸리는데, 한 해 장마가 지나가면 1cm 이상이 깎여나갑니다. 1천 년 동안 만들어진 흙이 단 1년 동안에 없어지는 셈이지요. 이와 함께 상당한 양분도 씻겨 내려갑니다. 이렇게 해서 빗물로 잃어버리는 인산과 칼슘은 작물이 먹는 양보다 더 많답니다.

우리나라의 밭에서 가장 흔하게 보는 작물은 고추입니다. 장마철을 견디는 작물 가운데서도 고추가 단연 으뜸을 차지합니다. 그런데 고추는 대개 땅에 비닐을 덮어 기르기 때문에 침식의 피해를 많이 줄일 수 있습니다. 그 밖에 콩이나 옥수수, 고구마는 잎으로 빗방울 침식을 어느 정도 막아내지만 비탈 밭에서는 고랑에 생기는 침식을 막을 수 없습니다. 따라서 비탈 밭에서는 물의 속도를 줄여 주고 깎이는 흙이 걸리도록 여러해살이 목초를 중간 중간에 띠처럼 둘러서 심어주는 게 좋습니다. 여러분도 학교 텃밭에서 작물을 재배할 때는 이 점을 잘 기억하면서 장맛비에 흙과 양분을 도둑맞지 않도록 주의해야 할 것입니다.

풀로 흙을 살린다

땅덩이가 남한의 반밖에 안 되는 네덜란드는 바다를 막아서 땅을 만들었기 때문에 나라 땅의 1/4이 바다보다 낮습니다. 네덜란드는 소금밭에서 빨리 농사를 지을 수 있게 하기 위해 갈대를 쓴답니다. 먼저 둑을 막고 물을 퍼낸 다음, 비행기로 갈대 씨를 뿌립니다. 갈대는 보통 4m 높이까지 자라는데, 뿌리 역시 길어서 몇 미터나 된답니다. 이렇게 씨를 뿌린 갈대가 다 자라면 사람들은 비행기로 제초제를 뿌려 갈대를 죽입니다. 갈대 뿌리가 썩으면 고스란히 '뿌리 파이프'가 생깁니다. 그러면 그 파이프를 통해 물이 빠지면서 소금기도 함께 빠져서 매우 짧은 시간 안에 소금기를 없앨 수 있지요. 그 자리에서 썩는 갈대는 땅에 영양을 공급하는 중요한 유기물 자원이 되고요. 갈대는 네덜란드에서 가장 사랑 받는 녹비작물의 하나입니다.

쌤이 앞에서도 잠깐 말한 적이 있는 녹비는 "비료 성분이 풍부해서 유기질비료로 사용하는 작물"을 말합니다. 이것을 재배하면 좋은 점이 참 많습니다. 그중 하나가 흙을 개량해주는 성질입니다. 갈대처럼 녹비작물의 뿌리도 뻗어 들어간 흙 속에서 썩고 나면 공기와 물이 드나드는 통로를 만듭니다. 그리고 실뿌리가 있던 공간은 물을 저장하는 탱크가 되어 웬만한 가뭄에도 끄덕하지 않게 되지요. 뿌리가 굵어지면서 주변을 밀어붙이기 때문에 자연히 흙 알갱이들이 뭉쳐지면서 덩이가 되지요. 즉 떼알이 됩니다.

뿌리가 죽고 나면 거기에 미생물이 마구 덤벼듭니다. 미생물은 유기물을 먹으면서 본드 같은 흡착 물질을 만들어내어 떼알을 더 단단한 떼알구조로 만들어줍니다. 새 뿌리는 죽은 뿌리 파이프를 타고 신나게 뻗어나갑니다. 뻗기도 쉽거니와 죽은 뿌리 자체가 양분덩어리기 때문이지요.

사과나 포도와 같은 과수는 겉흙으로부터 몇 cm 깊이까지에 얼마나 많은 뿌리털이 있느냐에 따라 과일의 양과 맛이 결정됩니다. 뿌리털이 더 깊이, 더 많이 뻗을수록 맛 좋은 과일이 더 많이 열리거든요. 이렇게 하는 데 가장 좋은 방법이 바로 앞서 이야기한 녹비작물을 심는 것입니다. 특히 뿌리를 깊이 뻗는 호밀과 알팔파, 헤어리베치 같은 녹비가 좋지요.

얼마 전에 모 농업기술센터에서 강의를 하면서 녹비가 흙을 개량하는 데 큰 도움이 된다고 설명했더니 어떤 분이 "녹비를 재배했더니 포도나무와 양분을 놓고 싸우는 바람에 포도가 잘 안 열렸다"고 말하더군요.

맞는 말입니다. 아마 그분이 농사짓는 흙에는 비료가 얼마 없었나 봅니다. 그러니까 녹비와 포도나무가 양분을 놓고 싸움을 벌였겠죠? 이럴 때는 인내심을 갖고 녹비에 필요한 비료를 한 번 더 주면 됩니다. 그러면 비료가 고스란히 그 자리에서 순환되어 다시 더 줄 필요가 없어진답니다. 오히려 흙 속에서 잠자고 있던 양분을 녹비가 쓸 수 있는 꼴로 바꿔주고, 유기물까지 보태주어 흙은 더욱 비옥하게 됩니다.

여러분, 땅을 놀리지 말고 녹비를 가꿔보세요. 녹비에는 양분이 많아서 화학비료 사용량도 줄일 수 있답니다!

미량요소 비료 어떻게 주나요?

식물이 필요로 하는 성분은 모두 17가지에요. 그중에 탄소, 수소, 산소는 물과 공기에서 자동적으로 공급되므로 신경을 쓸 필요가 없지요. 식물이 아주 많이 필요로 하는 성분을 '다량원소'라 하는데요, 질소, 인산, 칼륨, 황, 칼슘, 마그네슘 등 6가지가 여기 속합니다. 그중 황을 제외한 나머지 원소 중 질소는 요소, 인산비료는 용성인비, 칼륨비료는 염화가리, 칼슘과 마그네슘비료는 고토석회로 대체할 수 있어요. 황은 유안(황산암모늄)을 주면 됩니다. 그러나 공기 중에 아황산가스가 많은 터라 굳이 신경을 쓸 필요는 없습니다. 비가 내리면 자연스레 빗물에 녹아들 테니까요.

나머지 8가지 미량원소 중 염소는 염화가리로, 붕소는 붕사로 공급해주면 됩니다. 그러나 철, 망간, 아연, 구리, 몰리브덴, 니켈과 같은 미량원소는 따로 비료가 없습니다. 사는 것도 쉽지 않고, 워낙 적은 양이라 주기도 쉽지 않지요. 잘못해서 많이 주면 자칫 문제가 발생할 수도 있거든요. 그런데 농사를 짓다 보면 때로 미량원소가 모자라는 사고가 일어나기도 합니다. 그러면 몹시 당황하게 마련이지요. 흙의 pH가 5.2 부근의 산성에서는 이들이 잘 녹아 걱정을 하지 않아도 되지만, 너무 녹아 나오거나 반대로 나머지 대량원소들은 아예 녹지 않아서 문제가 되는 경우도 많습니다. 이럴 때는 석회를 주어 대부분의 작물에 적당한 pH 6.5~7.0 정도로 조절해야 합니다. 그래야만 이들 미량요소가 급격하게 녹아나오는 사고를 예방할 수 있어요.

아주 급한 경우에는 미량요소가 종합적으로 들어 있는 물비료(제4종복비)를 주면 되지만 이렇게 하면 돈도 들고 일일이 잎에 뿌려주어야 하므로 여간 성가신 게 아니랍니다.

이런 결핍증을 예방하려면 유기물을 주면 됩니다. 매년 10아르(1000㎡)에 2톤 이상의 유기물을 주면 이 문제가 해결되지요. 유기물에는 모든 미량요소가 다 들어 있어요. 말하자면 '종합미량요소비료', 또는 '종합비타민제'라고 할 수 있답니다.

미량원소가 부족하면 다량원소처럼 수량이 크게 떨어지지는 않지만, 알게 모르게 질과 양에 나쁜 결과를 가져옵니다. 시비법(비료를 주는 방법)의 원리에 '최소율의 법칙'이라는 게 있어요. 식물에 필요한 성분 중에서 가장 모자란 것에 의해 수량이 지배된다는 법칙이지요. 만일 철이 가장 부족하다면 다른 성분이 모두 충분해도 철이 부족한 만큼 수량이 떨어진다는 뜻이에요. 부족 현상이 일단 일어났다면 아무래도 그 작물은 타격을 입게 됩니다. 그러므로 미리미리 유기물을 주어서 예방하는 방법이 가장 현명하겠죠.

비료를 주지 않고도 농사를 지을 수 있을까요?

비료를 주지 않고 농사를 지을 수 있을까요? 아니요, 어림없는 이야기에요. 우리가 밥을 먹지 않고 살 수 없는 것처럼, 작물도 비료를 먹지 않고는 살 수 없습니다. 비료는 작물의 밥이거든요. 물론 우리도 일주일이나 보름 정도는 굶거나 물만 먹고 버틸 수 있지만, 한달 이상은 어림없지요. 작물도 마찬가지입니다. 처음 몇 년은 버티겠지만 점점 수량이 떨어져 결국은 아주 조그맣게 자라다 나중에는 씨도 못 맺고 죽고 말지요. 그래서 제대로 농사를 지으려면 매년 꼭 비료를 주어야 합니다.

비료를 나누는 방법은 여러 가지입니다. 대표적인 방법은 원료에 따라서 동물과 식물의 몸으로 만든 유기질비료(동식물비료)와 화학적인 과정을 거쳐서 만들어진 무기질비료(광물질비료)로 나누는 것입니다. 무기질비료는 유기질비료에 있는 성분이 농축되어 있는 상태라고 보면 됩니다. 그러니까 유기질비료가 독이 아닌 것처럼 무기질비료도 독이 아닌 셈이죠. 물론 질이 나쁜 무기질비료를 남용하면 좋은 농산물을 얻기 힘들지요. 질 좋은 농산물을 수확하려면 유기질비료와 무기질비료를 함께 쓰는 것이 가장 좋습니다.

비료는 또 3요소 성분 중 무엇이 많으냐에 따라 질소비료, 인산비료, 칼리비료 등으로 나누기도 합니다. 그중에 한 가지 성분만 있는 비료를 '단비', 3요소 중 두 가지 성분 이상이 들어 있는 비료를 '복합비료'라 하지요. 옛날에는 흙에 양분이 적어서 복합비료를 마음 놓고 주어도 되었지만, 요즘에는 흙에 양분이 많아서 복합비료를 많이 주면 필요 이상의 양분이 축적되어 오히려 수량을 떨어뜨리기도 합니다.

화학비료 중에서 대표적인 질소비료로 요소, 유안, 석회질소 등을 꼽을 수 있습니다. 인산비료에는 용성인비, 과석, 용과린 등이 있고, 가리비료로는 염화가리, 황산가리, 황산가리고토 등이 있지요.

비료는 그것을 주는 시기에 따라서 나누기도 합니다. 씨를 뿌리거나 모종을 심기 전에 미리 흙에 뿌리는 거름을 '밑거름'이라 하고, 작물이 자라는 동안에 주는 거름을 '웃거름'이라 합니다. 물론 비료를 주는 계절에 따라서 구분하기도 합니다. 봄에 주면 '봄거름', 여름에 주면 '여름거름', 가을에 주는 거름 '가을거름', 겨울에 주면 '겨울거름'이지요.

텃밭 초보자를 위한 비료 관리

최근 몇 년 사이, 도시민들에게 텃밭 열풍이 불었어요. 덕분에 '시티 파머'들이 늘어나는 추세랍니다. 쌤도 아파트 근처에 땅 열 평을 빌려 가꾸고 있는데, 소시민에게 이보다 더 유익한 활동은 없는 것 같습니다. 텃밭을 가꾸는 동안 정신적인 휴식도 얻고, 거기서 질 좋고 싱싱한 농산물도 얻을 수 있으니 얼마나 좋은 일입니까? 덕분에 온가족의 건강도 챙길 수 있게 되었고요. 어디 그 뿐인가요? 국토를 쓸모 있게 활용한다는 점에서도 바람직한 현상이라고 볼 수 있습니다.

하지만 텃밭을 시작한 도시민들은 이래저래 걱정이 많습니다. 여러분과 같은 처지이지요. 농사에 경험이 없다는 점이 어른 도시농부에게나 여러분처럼 학교 텃밭을 가꾸는 청소년 농부에게나 가장 걱정되는 부분이거든요. 모든 면에서 서툴고, 때론 작물을 죽이면 어떡하나 겁도 납니다. 그래서 모두들 안심하고 흙을 가꾸고 안전하게 비료를 주면서 농사짓는 방법을 알고 싶어 합니다. 여러분, 걱정하지 말아요! 그렇게 어려운 기술이 아닙니다. 기본적인 방법은 이렇습니다.

일단 가장 안전한 방법은 작물에 아무 것도 주지 않는 것입니다. 뭣 모르고 화학비료를 많이 주었다가는 크게 실망할 수도 있거든요. 물론 아무 것도 안 주면 죽지는 않아도 자라지 않겠죠? 그러면 소출이 안 나니까 농사를 짓는 기쁨은 줄어듭니다. 흥도 나지 않고요. 그래서 보통 유기질비료(퇴비)와 석회, 이 두 가지를 이용해서 농사를 짓습니다. 이 비료들은 뿌리에 직접 닿아도 해를 입히지 않거든요.

그럼 이번에는 비료 주는 방법을 알아볼까요?

먼저, 작물을 심는 골을 파고 그곳에 유기질비료를 충분히 넣습니다. 작물이 자라는 동안 모든 양분이 유기질비료로부터 공급되므로 가급적 넉넉하게 주는 편이 좋습니다. 유기질비료는 완전히 썩어서 냄새가 전혀 없어야 한답니다. 냄새가 나면 미리 뿌려놓고 냄새

유기질비료와 석회로만 기른 우리 텃밭

가 사라질 때까지 기다리는 게 좋아요. 완전히 썩은 유기질비료는 뿌리에 닿아도 전혀 문제가 없답니다. 그래서 직접 그 위에 씨를 뿌리거나 묘를 심어도 되지요. 석회는 밭 전면에 뿌려주지 말고, 심고 나서 그루 주변에 뿌리면 됩니다.

쌤의 경험으로 보면 주는 양은 열 평을 기준으로 할 때 유기질비료는 20킬로그램짜리 3포, 석회는 5킬로그램이면 됩니다. 콩이나 땅콩 같은 콩과 작물은 석회의 효과가 상상 이상으로 나타납니다. 이렇게 유기질비료만으로 농사를 지으면 유기농채소가 되는 거지요. 그 감칠맛이란 먹어본 사람만이 알겠죠?

하지만 가장 좋은 방법은 농업기술센터에서 흙을 분석한 다음 그 결과에 따라 비배관리를 하는 것입니다. 먼저 석회와 유기물로만 농사를 지어보고 자신이 붙으면 화학비료를 유기질비료 위에 뿌려보세요. 이렇게 해주면 화학비료가 유기질비료에 저장되어서 효과가 좋답니다. 그 위에 떡고물을 뿌리듯이 흙을 솔솔 뿌려서 화학비료가 직접 뿌리에 닿지 않도록 하고 씨나 묘를 놓으면 됩니다.

유기농업이 중요한 이유

유기질비료만으로 농사를 짓는 '유기농'은 수확에 문제가 있어요. 무엇보다도 수량이 15~20% 떨어지지요. 화학비료를 써서 얻는 만큼의 수량을 유기질비료로만 지으려면 면적을 20~40% 넓혀야 한답니다. 평지는 더 이상 갈 곳이 없으니 하는 수없이 비탈 밭으로 올라갈 수밖에 없겠지요? 하지만 비탈에 밭을 만들면 흙이 많이 씻겨 내려가는 문제가 심각해집니다. 수량 10%가 떨어지면 소비자가 사는 가격은 15%까지 올라가고요. 농촌에 사는 농업인은 40%까지 비싼 가격에 사야 한답니다. 유기농업은 일손이 더 들고, 일꾼을 더 고용해야하므로 자연스레 품삯도 오릅니다. 생산 원가가 올라가다 보니 경쟁력은 점점 떨어지고요.

그런데도 전 세계적으로 유기농을 고집하는 이유는 무얼까요? 그것은 바로 유기농업이 친환경농업이기 때문이죠. 유기농업은 자연과 환경을 거스르는 재질을 쓰지 않기 때문에 흙과 생태계, 그리고 인간의 건강을 유지하는 생산 방식으로 주목 받고 있습니다. 그래서 화학비료나 농약은 쓰지 않지요.

유기농산물의 좋은 점은 무엇일까요? 화학비료 위주로 농사를 지으면 질소-인산-칼륨-황-칼슘-마그네슘-붕소-염소 등 8가지 성분을 공급하는 데 그칠 뿐입니다. 하지만 자연에는 92가지 성분이 존재하고 있어요. 아직 그 필요성을 밝혀내지는 못했지만 그중에는 인간에게 꼭 필요한 성분도 들어 있을 것입니다. 유기물에는 이렇게 다양한 성분을 지닌 60여 종의 자연 성분이 들어 있답니다. 그러니 유기농으로 재배한 농산물이 인간의 건강에도 좋을 수밖에요!!

사람처럼 흙도 건강진단을 받아야 해요!

옛날 사람들은 많이 아파야만 병원으로 달려갔어요. 워낙 가난했던 시절이라 미리 진단을 받을 만한 여유도 없었지요. 물론 병원도 아주 드물었고요. 그래서 간단히 나을 병도 치료시기를 놓치는 바람에 목숨을 잃기도 했죠. 그러나 이제는 미리 진단을 받아서 건강을 지키거나 심지어는 목숨을 건지는 예도 많아졌어요.

흙도 사람과 마찬가지로 건강진단, 말하자면 '토양검정'을 받아야 합니다. 우리 흙은 대체로 문제가 있어요. 그래서 뜻밖의 손해를 보는 경우도 의외로 많지요. 보통 밭에서는 눈에 띄는 큰 손해를 입지 않지만 속으로는 이미 골병이 들어 있는 경우가 많지요. 반면, 비닐하우스농사는 그 피해가 치명적입니다. 잘못하다가는 농작물이 갑자기 말라버리거나 시들시들 죽어서 아예 밭을 갈아엎어야 하는 사고가 일어납니다. 사람으로 치면 재기불능의 피해를 입는 셈이지요.

지금은 옛날처럼 주먹구구식으로 비배관리를 하는 시대가 아닙니다. 1970년대 이전까지만 해도 비료가 귀했던 시절이라 어떤 논밭이든 양분이 많이 부족했지요. 그래서 그저 많이 뿌려주면 잘 자랐을 뿐 별탈이 없었답니다. 그러나 요즘은 논밭마다 상태가 다릅니다. 어떤 땅은 비료가 많이 축적되어 있는 반면, 어떤 땅은 매우 척박하지요. 또 어떤 땅은 인산이 많이 축적되어 있는가 하면, 어떤 땅에는 칼륨이 지나치게 축적되어 있기도 합니다. 무엇보다 흙에서 가장 중요하게 관리해야 할 것은 산도(pH)입니다. 산도를 교정해주지 않고 농사를 짓는 것은 모래 위에 집을 짓는 거나 다름없어요. 산도가 알맞지 않으면 양분들이 도망을 가거나 고정을 일으켜서 작물이 이용할 수 없게 되고 뿌리도 피해를 받지요. 그렇지만 이런 사정은 눈으로 보아서는 도저히 알아낼 수가 없답니다. 반드시 시와 군에 있는 농업기술센터에서 분석을 받아야만 합니다. 농업기술센터에 가면 토양을 무료로 분석해주고, 처방서까지 발행해줍니다. 농사를 잘 지으려면 반드시 흙 분석을 받아보아야 한답니다.

어디가 아픈 건가요? 건강 검진 받고 싶어요!

좋은 흙을 만들자

완벽한 사람이 없듯이 흙도 농사짓기에 완벽하게 좋은 흙은 거의 없답니다. 농업기술센터에 가서 자기 밭의 흙을 분석해야 하는 것도 그런 이유죠. 그 결과에 따라서 모자라는 성분은 보충해주고, 넘치는 성분은 주지 말아야 합니다.

흙을 개량하려면 유기물을 충분히 공급하는 게 좋습니다. 밭에는 석회를 주고, 논에는 규산질비료를 주고 땅을 깊이 갈아주어야 해요. 경작을 하지 않을 때도 무작정 땅을 놀리지 말고 호밀, 헤어리베치, 수단그라스 같은 녹비작물을 재배하는 것이 좋습니다. 화학비료의 양을 적게 해서 흙에 비료가 남아돌지 않도록 주의해야 합니다. 비료가 한번 흙에 넘쳐나 염류장해가 오면 다음 해부터는 농사짓기가 매우 힘들어지니까요.

꼭 알아둬야 할 키워드를 공부하자

아래의 용어 "과부촌, 전기의자, 깡패, 폴리스(경찰), 노숙자, 국민주택, 천사" 등은 토양학에서 실제로 쓰이는 용어가 아닙니다. 여러분이 농사의 이모저모를 좀 더 쉽고 재미있게 이해하도록 쌤이 만든 용어지요. 이 용어와 개념들만 잘 이해해도 텃밭 농사를 짓는 데 큰 보탬이 될 것입니다.

• 전기의자(=과부촌) : 모든 흙에는 전기의자가 있어요. 여자(-)전기
가 흐르는 의자(과부촌이라 하지요)입니다. 그래서 남자(+)만 앉을
수 있어요. 여자 전기의자가 많을수록 남자 손님, 즉 양분(비료)
이 많이 앉을 수 있지요. 우리나라 흙 100g에는 의자가 10개 있
어요(이 의자 수를 유식하게 말하자면 '양이온교환용량'이라 하며, 10개
는 비유적으로 썼어요). 흙 중에서도 모래에는 의자가 반 개 꼴로
있고요. 세계 곡창지대의 흙에는 50~100개가 있고, 토양개량제
로 쓰는 제올라이트에도 100개가 있어요. 전기의자가 가장 많
은 것은 유기물입니다. 유기물에는 의자가 250개나 있어요. 우리

나라 흙은 전기의자에 양분, 즉 비료를 많이 앉힐 수 없어요. 흙의 의자 수를 늘리려면 유기물을 많이 주어야 합니다.

- 깡패 : 초대하지도 않은 남자손님이 의자에 앉는 경우도 많아요. 수소이온(H^+)이 바로 그런 손님이지요. 이 손님은 남자손님 중에 가장 힘이 세서 빈 의자만 있으면 무조건 달려가 앉는답니다. 빈 의자뿐만 아니라 이미 앉아 있는 손님(양분)까지도 끌어내리고 자기가 앉지요. 말하자면 깡패입니다. 깡패가 많아질수록 산성이 강해지고, 중성을 거쳐 알칼리성으로 갈수록 적어져요. 이 깡패는 빗물과 식물이 싸는 똥오줌에 들어 있어요. 더 큰 문제는 우리나라 흙에는 선천적으로 깡패가 엄청나게 많다는 점이에요. 왜냐하면 흙의 원료인 바위가 산성인 화강암이기 때문이지요. 그래서 강원도와 충청북도 일부 석회암지대를 제외하고 우리나라 흙은 산성이랍니다. 문제는 이 깡패가 백해무익하다는 점이지요. 이 깡패는 비료가 의자에 앉지 못하게 방해하고 양분이 뿌리로 들어가는 것도 방해한답니다.

- 폴리스(경찰) : 석회는 전기의자를 차지하고 버티는 수소깡패를 내쫓고 중화시켜서 작물이 잘 자랄 수 있게 만들어주기 때문에 폴리스라 할 수 있어요. pH 5.5~6.0에서 잘 자라는 작물은 감자와

감귤이고, 벼, 배추, 양배추, 파, 양파, 쑥갓, 부추, 잎들깨, 고추, 피망, 참외, 토마토, 오이, 가지, 수박, 딸기, 호박, 무, 당근, 생강, 고구마, 사과, 배, 포도, 복숭아, 유자, 그리고 대부분의 약초들은 pH 6.0~6.5에서 잘 자랍니다. 보리, 콩, 시금치, 상추, 마늘 등은 이보다 높은 pH 6.5~7.0에서 잘 자라고요. 흙의 pH를 재보아서 이보다 낮으면 석회로 개량해주어야 합니다. 6.5 이상에서는 콩, 시금치, 상추, 마늘 등을 제외하면 더 줄 필요가 없어요.

• 노숙자 : 비료를 너무 많이 주면 앉을 의자가 모자랍니다. 의자는 10개인데 비료를 30개 주면 앉을 자리가 없지요. 남은 비료 20개는 빈둥빈둥 흙 속을 방황합니다. 잘 곳도 없는 노숙자가 되는 것이지요. 노숙자는 뿌리를 망가뜨린답니다. 노숙자(잉여의 비료)가 많으면 염류의 농도가 높아지고 전기전도도가 높아져요. 갑자기 잎이 시든 것처럼 보이지만 뿌리는 이미 한 달 전이나 그 이전부터 노숙자에게 시달려온 거랍니다. 너무 심하면 잎이 시드는 증상이 나타나고, 더 심하면 죽어버리고 말아요. 씨를 뿌려도 나지 않고 죽고 맙니다.

• 국민주택 : 노숙자가 들어갈 수 있는 집이 바로 국민주택이랍니다. 흙의 노숙자들에게 가장 좋은 국민주택은 '녹비'예요. 녹비는 '푸

른 비료'라는 뜻인데 우리에게 가장 잘 알려진 것은 자운영이죠. 녹비는 왕성하게 자라면서 노숙자를 뿌리에서 불러들여 집을 마련해줍니다. 일단 주택에 들어간 노숙자는 절대 밖으로 나오지 않고 거기서 살지요. 녹비를 베어서 그 자리에 놓아도 여전히 그 주택에 머무르면서 필요할 때만 서서히 밖으로 나오지요. 그게 바로 양분이 되고, 비료가 되는 거랍니다. 물론 안 썩은 볏짚이나 유기물도 국민주택이 되지만 녹비가 훨씬 더 많은 고급 국민주택을 마련해주지요.

• 천사 : 어려운 사람을 남몰래 도와주는 사람은 살아 있는 천사입니다. 흙 속의 어려움을 도와주는 천사는 유기물입니다. 앞서도 말했듯이 유기물은 '천사'로 전기의자가 흙의 25배나 많아서 비료(특히 질소비료)를 잘 받아서 저장하기 때문에 노숙자에게 집을 마련해줄 수 있죠. 그 결과 염류장해를 현저히 줄여주고요.

식물의 각 기관들은 어떤 일을 할까?

식물 기관의 역할을 알아봅시다

식물의 몸은 크게 네 부분으로 나눌 수 있어요. 양분을 생산하는 생산 공장에는 잎, 뿌리에서 빨아들인 물과 양분, 그리고 잎에서 만든 양분을 필요한 곳으로 옮기는 고속도로 역할을 하는 줄기, 물과 양분을 빨아들이고 제 몸을 땅에 박아서 지탱하는 뿌리, 그리고 차세대를 만들어내는 꽃 등이 있답니다. 각 부분이 하는 역할을 좀 더 자세히 알아볼까요?

잎의 역할

• 양분 생산 : 잎의 가장 큰 역할은 양분을 생산하는 광합성 작용입니다. 뿌리에서 빨아올린 물과 잎에서 호흡한 이산화탄소를 엽록

체에서 합성해서 탄수화물을 만들지요. 광합성을 하는 데 직접적인 원료는 이산화탄소와 물, 그리고 잎파랑치(엽록체)의 주성분인 마그네슘(Mg)이지요.

• 호흡 : 잎은 앞뒤에 있는 숨구멍을 통해 공기를 호흡하면서, 주로 낮에는 이산화탄소를, 밤에는 산소를 들이마십니다. 몸속에서 만들어진 가스를 숨구멍으로 내보내는 역할도 합니다.

• 수분 배출 : 숨구멍을 통해서 수분을 밖으로 배출하고, 물이 부족하면 공기 중에 있는 수분을 흡수하기도 해요. 한여름의 폭염에도 잎이 타지 않고 살 수 있는 것은 수분을 배출하면서 열기를 식힐 수 있기 때문입니다.

• 노폐물 배출 : 수분이 너무 많으면 잎의 가장자리에 있는 수공이라는 구멍으로 물을 배출한답니다. 영롱한 물방울들이 방울방울 맺혀 있어 마치 이슬이 내린 것처럼 보이지만 실제로는 잎이 배출한 수분이죠. 보통 때도 수분을 배출하지만 잎에서 나오는 대로 곧 증발하기 때문에 볼 수 없지만 아침에는 공기 중의 수분이 포화상태라 눈에 보이는 것이랍니다. 이때 필요 없는 성분을 물과 함께 몸 밖으로 내놓기도 합니다.

• 양분과 수분 흡수 : 식물은 필요한 양분을 전적으로 뿌리를 통해서 빨아먹지만 잎으로도 먹는답니다. 물에 녹인 비료를 잎에 뿌려주면 숨구멍을 통해서 흡수하지요. 그러니까 잎의 숨구멍은 입의 역할도 하는 셈입니다. 뿌리가 오랫동안 물에 잠겨 있으면 양분을 잘 흡수하지 못하게 되는데, 이때 잎에 비료를 뿌려주면 마치 밥을 먹지 못하는 환자가 링거주사를 맞고 원기를 되찾는 것처럼 회복이 빨라진답니다. 한편 흙에 수분이 부족할 경우에는 숨구멍을 통해서 주변의 공기로부터 수분을 흡수하기도 합니다.

송알송알 오이풀에 은구슬! 영롱한 물방울이 맺힌 오이풀

• **빛을 보는 눈** : 잎은 빛을 보는 눈이기도 합니다. 식물은 빛이 있어야 살기 때문에 빛에 아주 민감하지요. 그래서 창가에 화분을 놓아두면 잎이 모두 창 쪽으로 향하는 것이랍니다. 잎이 눈의 역할을 하는 것입니다.

• **소리를 듣는 귀** : 음악을 들려주면 식물이 잘 큽니다. 귀가 없는 대신, 잎의 세포에 있는 딱딱한 세포벽이 음파에 떨어서 음악을 듣는답니다. 고전음악이나 경음악에는 잘 크지만, 소음이나 록음악, 헤비메탈 같이 시끄러운 소리에는 오히려 잘 크지 않고 잎이 뒤틀린답니다. 그러니까 잎은 양분을 생산하는 공장이자, 호흡하는 코, 양분과 수분을 흡수하는 입, 남는 물과 불필요한 성분을 배설하는 배설기관, 빛을 보는 눈, 소리를 듣는 귀이기도 하지요. 이 밖에도 잎은 변해서 호박의 덩굴손, 용설란의 물 저장고, 양파의 양분 저장고, 파리지옥의 곤충 사냥 등의 역할도 합니다. 한편 잎은 생육과 성숙에 쓰이는 여러 가지 호르몬도 생산해요.

줄기의 역할

• **양분의 통로** : 줄기는 물과 양분이 오르내리는 통로입니다. 통로는 상행선과 하행선이 있어요. 상행선을 '물관'이라고 하는데, 뿌

리에서 빨아들인 물과 양분이 잎으로 올라가는 통로 역할을 합니다. 우리 몸으로 치자면 동맥과 같은 것으로 껍질의 안쪽에 있어요. 하행선은 '체관'이라 하는데 잎에서 만든 양분이 뿌리나 자라는 곳으로 옮겨가는 통로이며 껍질을 벗기면 껍질과 함께 벗겨지지요.

• 양분의 저장 : 줄기는 양분을 저장하는 창고이기도 합니다. 겨울이 가까워지면 줄기가 두꺼워집니다. 겨울을 나는 데 필요한 양분과, 봄에 새잎과 꽃을 피울 양분을 저장하기 때문이죠. 이 밖에도 줄기는 목재를 생산하고 자신의 몸을 지탱해줍니다.

뿌리의 역할

• 제 몸 지탱 : 뿌리가 없으면 식물은 서 있을 수 없어요. 배로 말하자면 닻이 되는 셈이지요.

• 양분과 수분의 흡수 : 뿌리는 양분과 수분을 흡수하여 끊임없이 잎으로 공급해주는 역할을 합니다.

• 양분의 저장 : 뿌리는 잎에서 만든 양분을 저장하는 창고랍니다.

여기에 저장되는 양분은 식물이 생장하는 데, 그리고 고구마나 감자처럼 줄줄이 딸린 자식들을 만드는 데 쓰이죠.

• 호르몬 생산 : 뿌리는 자신의 몸을 자라게 하는 호르몬 '옥신'을 만들어 잎과 줄기로 보내지요.

• 노폐물 배설 : 식물은 먹고 생긴 노폐물을 주로 뿌리를 통해서 배설합니다. 배설물은 무엇을 먹었든 수소이온($H+$)으로 싸지요. 그때문에 뿌리 주변은 언제나 강산성으로 변해 있게 마련입니다. 그래서 중화시켜주려면 석회를 주어야 한답니다.

• 호흡 : 뿌리는 항상 산소를 호흡해야 해요. 흙 속에 산소가 부족하면 에너지를 만들지 못해서 생장이 더디고, 심하면 뿌리가 썩어버린답니다.

식물의 몸에 필요한 양분과 역할

자연에 있는 원소는 가장 가벼운 수소로부터 가장 무거운 우라늄까지 모두 126(19종은 인공원소)종이 있어요. 그중 식물체에서 발견된 원소는 60여 종입니다. 그 가운데 식물의 생육에 꼭 필요한 성분, 즉 필수원소는 질소(질산 NO_3^-, 암모늄 NH_4^+), 인($H_2PO_4^-$, HPO_4^{2-}), 염소(Cl^-), 황(SO_4^{2-}), 붕소(BO_3^{3-}, $B_4O_7^{2-}$), 몰리브덴(MoO^{2-}), 칼륨(K^+), 칼슘(Ca^{2+}), 마그네슘(Mg^{2+}), 철(Fe^{2+}, Fe^{3+}), 망간(Mn^{2+}), 아연(Zn^{2+}), 구리(Cu^+, Cu^{2+}), 니켈(Ni^{2+}) 등 14종(괄호 안은 뿌리가 빨아들이는 꼴을 뜻함)입니다.

식물의 몸에 많이 있는 원소를 '다량원소'라 하는데 여기에는 질소(N), 칼륨(K), 칼슘(Ca), 마그네슘(Mg), 인(P), 황(S) 등 6종이 속하고, 아주 조금 있는 원소를 '미량원소'라 하는데 여기엔 몰리브덴(Mo), 구리(Cu), 망간(Mn), 아연(Zn), 붕소(B), 철(Fe), 염소(Cl), 니켈(Ni) 등 8종이 속합니다.

식물체에 있는 60여 종의 원소 중 비료로 1년에 몇 번씩 주는 성분으로는 질소, 인산, 칼륨이 있습니다. 이 세 가지 성분은 식물이 생장하는 데 매우 중요하고 반드시 필요한 성분이라 흔히 '비료의 3요소'라고 부르죠. 질소는 세포를 만드는 데 가장 필수적인 성분입니다. 이 성분이 부족하면 식물이 자라지 못합니다. 사람도 한창 자랄 때 질소가 함유된 단백질을 많이 섭취하지 못하면 잘 자라지 못하는 것과 같지요. 그래서 다른 성분을 다 주고도 질소를 안 주면 비료를 안 준 것과 마찬가지인 현상이 벌어지죠. 반대로 다른 성분을 다 안 주더라도 질소만 충분히 준다면 어느 정도 수확을 얻을 수 있답니다. 질소가 얼마나 중요한지 이해할 수 있겠죠?

인산은 핵을 만드는 주성분으로 에너지를 저장하는 배터리 역할을 합니다. 이것 역시 부족하면 자람에 영향을 받지요. 칼륨이 부족하면 가뭄의 피해를 잘 입게 됩니다.

이 밖에 마그네슘은 엽록소를 만들고, 칼슘은 세포를 단단하게 만들며, 황은 아미노산을 만들어줍니다. 특히 황은 채소의 맛을 좋게 하는 중요한 성분이기도 해요. 이 밖에 여러 가지 미량원소도 각각의 몫을 하고 있으므로 모자라면 식물이 자라는 데 알게 모르게 영향을 준답니다.

	성분	흡수하는 꼴	함량	공급하는 꼴	하는 일
다량원소(%)	탄소	CO_2	45	공기	광합성
	산소	CO_2	45	공기	광합성
	수소	H_2O	6	물	광합성
	질소	NO_3^-/NH_4^+	1.5	비료(공기가 원료)	세포 생장, 성장
	칼륨	K^+	1.0	광석	가뭄 피해 억제
	칼슘	Ca^{2+}	0.5	석회암	세포벽 강화
	마그네슘	Mg^{2+}	0.2	석회암	엽록소 형성
	인	$H_2PO_4^-$, HPO_4^{2-}	0.2	인광석	에너지 저장, 종자 생산
	황	SO_4^{2-}	0.1	황 광물	맛 좌우 아미노산 생산
미량원소(ppm)	철	Fe^{2+}, Fe^3	100	유기물	엽록소 형성
	염소	Cl^-	100	광석	세포의 삼투압과 산도 조절
	망간	Mn^{2+}	50	유기물	광합성 효소의 활성
	아연	Zn^{2+}	20	유기물	효소의 활성제
	붕소	BO_3^{3-}, $B_4O_7^{2-}$	20	붕사, 유기물	탄수화물의 이동, 세포벽 강화
	구리	Cu^+, Cu^{2+}	6	유기물	엽록소 합성
	몰리브덴	MoO^{2-}	0.1	유기물	공중질소 고정

식물의 필수원소 함량 및 기능

뿌리는 어떻게 양분을 빨아먹을까요?

사람을 비롯한 동물은 영양분을 탄수화물이나 아미노산 같은 분자로 흡수하지만, 식물은 분자가 한 번 분해된 이온('+' 아니면 '-') 형태로 뿌리에서 흡수합니다. 식물의 양분을 빨아들이는 방법을 알아볼까요? 뿌리는 양분이 있는 곳으로 뻗어가서 에너지를 써서 양분을 빨아먹거나, 물을 빨아들이면서 물에 녹아 있는 양분을 함께 빨아들입니다. 양분이 많은 곳에 양분이 적은 뿌리를 대놓고 있으면 자연스럽게 많은 곳에서 적은 곳으로 확산되어 들어옵니다.

그중 양분을 가장 많이 빨아들일 수 있는 방법은 물에 녹아 있는 양분을 물과 함께 빨아들이는 방법이죠. 사람으로 치자면 밥을 물에 말아 먹는 것과 같죠. 그러니까 식물은 양분을 물에 말아 먹는 것을 제일 좋아하나 봅니다.

어쨌거나 식물은 물이 부족하면 양분 부족 증상을 겪게 됩니다. 하지만 사람은 그와 반대입니다. 의사선생님들은 밥을 물에 말아 먹는 걸 권하지 않으시죠. 밥을 물에 말아 먹으면 잘 씹을 수가 없어서 소화에도 문제가 되고 비만이 될 수 있다고 충고하신답니다. 사람은 밥을 한 숟갈 먹을 때 적어도 40번 정도 씹어야 건강하대요. 식물의 양분 흡수가 왠지 좀 더 편해 보이죠?

2부

지구를 살리는

착한
비료

이야기

퇴비가 뭐예요?

  햅쌀을 잘 불려 놓았다가 윤기 도는 밥을 지어 주걱으로 풀 때의 기쁨. 청소년 여러분은 잘 모를 겁니다. 이런 기쁨은 가족에게 정성 스레 밥상을 차려주시는 어머니의 몫이지요. 농부에게 퇴비는 고소 한 냄새를 풍기며 김이 무럭무럭 올라오는 따끈한 밥과 같답니다. 보기만 해도 흐뭇한 내 흙의 밥이요, 보약이죠. 밥을 먹고 나서 생 기는 힘을 우리는 '밥심'이라고 합니다. 여러분도 "한국 사람은 밥심 으로 산다"는 말을 들어봤죠? 요즘은 쌀의 소비가 줄고, 빵이나 라 면 같은 인스턴트 식품 소비가 워낙 늘어서 밥심이란 말이 무색해 졌지만, 밥은 여전히 지은 사람의 사랑이고, 관심입니다. 땅도 마찬 가지입니다. 밥을 먹으면 힘이 생기는 것처럼 퇴비를 먹은 흙은 '땅 심'이 생깁니다. 퇴비를 통해 사랑과 관심을 기울여주면 흙도 기운 이 세집니다.

밥 짓는 기쁨이 온전히 어머니의 몫이듯 퇴비 만들기의 기쁨은 농부의 전유물입니다. 그러니까 어쩌면 여러분에게 퇴비 만들기의 기쁨을 가르치려는 성급한 시도는 설익은 감을 깨물었을 때처럼 떫은 맛만 남길지도 모르겠네요. 자식이 없다면 아무리 기르는 기쁨을 이야기한들 아무 소용이 없잖아요? 만일 여러분이 퇴비 만들기의 즐거움을 조금이라고 알고 싶으면 직접 만든 퇴비로 농사를 지어보세요. 내가 만든 퇴비를 섞은 흙에 씨를 뿌리고 하루하루 기다려보는 거죠. 그러면 어느새 새싹이 돋는 걸 볼 수 있어요. 부슬부슬한 땅속에 손을 넣어 감자덩이, 고구마덩이를 수확하면서 황금을 줍는 기분이 들 때라야 비로소 퇴비 만들기의 기쁨을 알게 될 겁니다. 여러분에게도 곧 이런 기쁨을 맛볼 날이 올 거예요. 그러려면 먼저 퇴비의 이모저모에 대해 알아야겠죠?

자연은 연금술사

퇴비란 가축의 똥, 풀, 남은 음식물, 마른 나뭇잎, 왕겨, 깻묵 등 다양한 종류의 유기물이 미생물과 작은 동물 등에 의해 분해되어 토양과 비슷한 물질로 바뀐 것을 말합니다. 다시 말해 퇴비는 비닐이나 플라스틱처럼 분해가 어려운 합성 화학제품을 제외하고 자연에서 분해되는 다양한 물질을 섞어 적당한 환경을 만들어주고 시간을 들여 분해하여 흙과 비슷한 검은 물질로 바꾸어놓은 것입니다. 서양에서는 퇴비를 '검은 황금(black gold)'이라고 부르기도 합니다. 여러분, 연금술이란 말을 알고 있죠? 자기 마음대로 비금속을 황금으로 바꾸고자 꿈꾸었던 기술을 연금술이라고 하잖아요? 퇴비는 다양한 유기물을 가지고 자연이 조화를 부려 만든 검은 황금인 셈입니다. 연금술은 황금을 갈망하는 인간에게는 결코 도달할 수 없는 욕망이지만, 자연에게는 누워서 떡 먹기처럼 쉬운 일입니다. 버려지는 유기물로 검은 황금을 얼마든지 만들 수 있으니까요.

　유기물은 미생물에 의해 완전히 분해되면 이산화탄소와 물로 바뀝니다. 이산화탄소와 물을 가지고 식물이 광합성을 통해 만들어낸 유기물이 거꾸로 미생물이라는 분해자를 만나 이산화탄소와 물로

완숙 퇴비

입 사 지 원 서

성명 : 완숙퇴비

가족관계 : 母 - 미생물
父 - 지렁이

인적사항 : 1g당 1억마리의 미생물
: 2~30 여가지 양분 식물에 공급

주 요 활 동

: 부식이 많아 가뭄에 견디는 힘이 세진다.

: 한 여름, 습기를 공급해준다.

: 물과 함께 양분을 붙잡아 작물에 도움을 주고
  환경오염을 막아준다.

: 살아 있는 모든 생물들에게 촉촉함을 제공한다.

: 화학 비료와 달리 다양한 양분을 지속적으로 공급한다.

돌아가는 겁니다. 그러나 다행히 유기물 중에는 미생물에 의해 쉽게 분해되지 않고 버티는 물질이 있습니다. 미생물뿐 아니라 지렁이나 응애와 같은 작은 동물도 유기물을 소화시키는데 이때 새로 합성된 물질들이 분해되지 않고 버티는 물질과 합쳐져 퇴비가 됩니다. 이 과정을 '퇴비화'라고 하며, 퇴비가 완료되는 단계를 잘 익었다는 뜻으로 '완숙(完熟)'이라고 표현합니다. 그래서 잘 만들어진 퇴비를 '완숙퇴비'라 부르기도 합니다.

흙도 종합영양제를 먹는다

다양한 유기물이 미생물과 작은 동물의 활발한 분해 작용에 버티고 성질이 바뀌어 탄생한 물질을 '부식(humus)'이라 하는데 분해가 어려울수록 부식이 많이 생깁니다. 집에서 먹다 남긴 밥이나 고기는 며칠만 있어도 곰팡이가 피고 냄새가 나며 물이 생기는 것을 쉽게 볼 수 있습니다. 이런 유기물들을 흙 속에 묻어두면 한 달도 지나지 않아 형체를 알아볼 수 없게 사라집니다.

여러분도 먹다 남긴 밥이 있으면 한 덩이를 들고 가까운 산이나 밭에 가서 파묻어보기 바랍니다. 일주일 후에 가서 들춰보면 밥에 다양한 색깔의 곰팡이가 피어 있는 것을 볼 수 있습니다. 또 일주일 후에 가보면 밥은 형체를 많이 잃고 삭아 있을 겁니다. 한 달 후에는 아마도 형체를 알아보기 힘들 거예요.

분해가 쉬운 유기물은 빠른 시간 내에 성질이 변하는 장점이 있지만, 분해가 지나쳐서 양은 그리 많지 않습니다. 그러나 나뭇잎이나 톱밥 같은 유기물은 자연에서 분해가 어려워 몇 년을 두고도 처음 형태를 알아볼 수 있을 때가 많지요. 그러나 일단 분해되고 나면 퇴비가 될 수 있는 부식이 많습니다. 퇴비 만들기의 요령은 이렇게 분해가 잘 되는 유기물과 분해가 어려운 유기물을 잘 버무려 빠른 시간 내에 질이 좋은 퇴비를 만드는 데 있습니다.

그렇다면 퇴비를 왜 검은 황금이라 부르는 걸까요?

완숙퇴비는 물과 부식질을 포함한 유기물, 각종 무기물, 그리고 1그램당 1억 마리 정도의 다양한 미생물로 구성되어 있습니다. 퇴비 속의 유기물과 무기물은 작물의 양분 공급원이 됩니다. 퇴비는 단순히 몇 가지 영양성분만으로 구성된 화학비료와 달리 작물이 필요로 하는 20~30여 가지의 다양한 양분을 지속적으로 작물에 공급합니다. 말하자면 종합영양제인 셈이지요. 또 퇴비에 많은 부식은 자기 무게만큼 물을 보유할 수 있습니다.

부식이 많은 땅은 한 번 비가 오면 오랫동안 물을 함유하여 가뭄에 견디는 힘이 세집니다. 숲 속에 들어가 썩은 낙엽 더미를 들춰보면 한 여름에도 촉촉한 습기를 느낄 수 있습니다. 살아 있는 모든 생물은 물을 필요로 하고 자연은 물을 가둬둘 수 있는 방법을 마련합니다. 부식은 물과 함께 양분을 붙잡는 능력이 매우 큽니다. 눈에 보이지 않지만 밭에 물을 줄 때나 비가 많이 내리면 작물에 필요한 아까운 양분이 물에 쓸려갑니다. 작물이 이용하지 못하고 이렇게 유실된 양분은 환경오염을 일으키는 원인이 되기도 합니다. 그러나 부식이 많은 흙은 양분을 단단히 붙잡고 있다가 작물이 필요할 때 공급해주지요.

땅을 살리는 토양개량제

토양은 고체와 액체, 기체로 구성되어 있습니다. 작물이 제대로 자라려면 흙 속에 적당한 양의 물과 공기가 있어야 합니다. 식물은 뿌리에서 물과 함께 양분을 빨아들입니다. 뿌리로는 숨을 쉬기도 하죠. 그러니 작물이 뿌리를 뻗는 흙이 찰흙처럼 단단하거나 모래처럼 산산이 부서지면 살기 어렵겠죠? 진흙에서는 뿌리가 뻗을 공간을 찾지 못할뿐더러 공기가 부족하여 제대로 숨을 쉴 수도 없습니다. 모래땅에는 물도 없고 양분도 저장되지 않아서 식물이 잘 자랄 수 없습니다.

작물이 잘 자랄 수 있도록 공기를 통하게 하고, 적절히 물을 가둬둘 수 있는 땅으로 바꿔주는 물질을 '토양개량제'라고 합니다. 퇴비는 최고의 토양개량제입니다. 퇴비를 많이 쓰면 토양을 이루는 점토와 모래, 부식질 등이 떼굴떼굴 잘 뭉쳐서 공기를 통하게도 하고 물을 잡아두기도 하는데 이를 보수성과 통기성이 좋아진다고 표현합니다. 그래서 흙 속에 유기물이 얼마나 있는가 하는 점이 땅심을 결정짓는 제일 중요한 요인입니다. 적정한 토양 유기물 함량은 5% 정도입니다. 우리나라 토양의 유기물 함량은 1920년대까지 논이 4.4%, 밭이 3.4% 정도였는데 현재는 논이 2.2%, 밭은 2.4%로 오히려 줄었답니다. 1960년대 이후 화학비료에 의존하는 농업이 이어지면서 땅이 힘을 잃고 있는 것이죠.

토양개량제인 퇴비를 주면 땅이 살아납니다. 토양 중에 유기물이 많아지면 지렁이를 포함한 중소동물과 원충, 그리고 미생물의 종류와 양이 증가합니다. 이러한 생물들은 균형을 이루며 안정된 생태계를 유지합니다. 토양 미생물의 종류와 양이 많아지면 토양에 생성된 유해 물질을 쉽게 분해하고 안정시키는 능력도 덩달아 좋아집니다.

미생물 중에는 공기 중의 질소를 이용할 수 있는 종류도 많아 땅속 질소의 양이 증가하고, 인산을 작물이 사용할 수 있는 형태로 바꿔주기도 합니다. 특히 미생물이 땅속에서 유기물을 분해하는 과정에서 생긴 이산화탄소는 작물의 광합성을 도와 작물이 잘 자라게 합니다. 퇴비 없이 화학비료로 작물에 양분을 공급하면 토양 속의 미생물이 급격히 줄어듭니다.

식물도 카톡을 해요

최근 한국생명공학연구원 류충민 박사팀은 식물과 미생물이 소
셜 네트워킹(social networking)을 한다는 재미있는 연구결과를 발표
했습니다. 여러분이 친구와 수시로 카카오톡을 하거나 트위터를 하
며 자신의 상태를 알리듯 식물도 땅속 미생물과 신호를 주고받는다
는 겁니다. 이 연구팀은 고춧잎 진액을 빨아먹는 해충인 '온실가루
이'가 고추를 공격하면 뿌리 부분에 유용한 세균과 곰팡이를 끌어
들여 자신의 면역력을 증진시킨다는 사실을 알아냈습니다.

이렇게 면역력을 증진시켜 앞으로 발생할 해충이나 병원균의 공
격에 대비하는 겁니다. 실제로 연구팀은 온실가루이를 고추 잎사귀

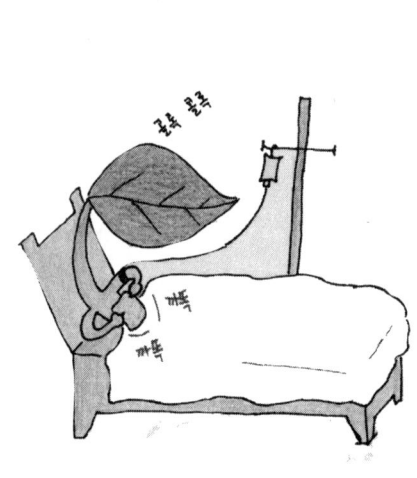

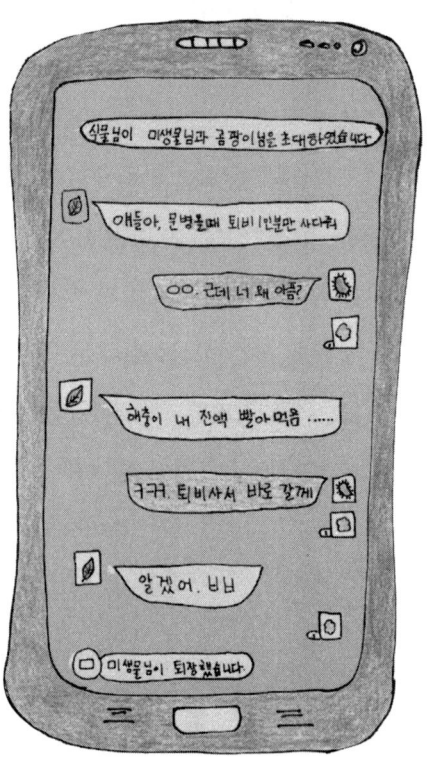

에 뿌리고 일주일 뒤에 뿌리가 썩는 청고병 세균을 접종해보았습니다. 온실가루이의 공격을 받은 고추에서는 병 발생률이 크게 떨어졌고 뿌리 무게도 두 배 이상 늘어난 것을 확인했죠. 뿌리 주위 미생물 종류를 조사해보니 식물에 유용한 그람양성세균과 곰팡이 밀도가 현저하게 높아졌답니다. 이로써 식물과 미생물이 서로 긴밀한 대화를 나눈다는 사실이 밝혀진 거죠.

식물과 토양 속 미생물의 대화라니 놀랍지 않나요? 식물은 광합성을 통해 만들어낸 양분의 일정량을 뿌리로 보내 토양 속의 미생물에게 나누어줍니다. 이쯤 되면 커다란 선물을 받은 미생물들도 가만히 있을 수 없지요. 그래서 미생물들은 식물의 면역력을 증가시키기도 하고, 식물에 해가 되는 병원균과 싸워주기도 합니다. 우리 눈에는 움직이지 못하고 홀로 서 있는 것처럼 보이는 식물이 실은 혼자가 아니었습니다. 이와 같은 이유 때문에 식물의 뿌리 주변에는 일반 토양에 비해 열 배 많은 미생물이 존재합니다. 토양에 해마다 적절한 퇴비를 주어 다양한 미생물이 어울려 살아가도록 가꿔주기만 해도 식물은 외부의 적인 병해충과 맞서 싸울 수 있는 튼튼한 몸을 가질 수 있게 됩니다.

식물에게 퇴비가 검은 황금이라면 청소년 여러분에게 검은 황금이 될 수 있는 것을 무엇일까요? 벼락치기 시험공부가 화학비료라면 아마도 평소에 꾸준히 좋은 책을 찾아 읽는 것이 퇴비가 되지 않을까 싶어요. 시험 전날 하는 벼락치기 공부가 당장에는 좋은 성과를 올리는 데 도움이 될 수 있습니다. 하지만 결국 땅심을 빼앗긴 토양처럼 여러분은 결국 생각하는 힘을 잃게 됩니다. 작물은 누가 시키지 않아도 퇴비 속 미생물과 교류하면서 병해충을 이기고 훌륭한 열매를 맺기 위해 노력합니다.

지금 당장 농부가 될 것도 아닌 여러분에게 퇴비에 대해서 자세히 이야기 하고 있는 것은 이 때문입니다. 물론 균형 잡힌 식사와 다양한 직접 경험들이 모두 여러분을 성장시키는 퇴비가 될 수 있을 것입니다. 하지만 유용한 미생물이 가득 들어 있는 퇴비처럼 여러분의 생각을 깊게 만들어줄 수 있는 것은 좋은 책입니다. 지금 여러분이 읽고 있는 이 글도 부식이 많고 구수한 냄새를 풍기는 좋은 퇴비가 되어 여러분의 정신을 살찌웠으면 좋겠어요.

퇴비를 알면 과학이 보여요

잘 익은 퇴비 한 수저 속에는 얼마나 많은 미생물이 있을까요? 여러분, 놀라지 마세요! 세계 인구보다 더 많은 미생물이 살고 있답니다. 지구 전체에 존재하는 동물, 식물, 미생물 등 살아 있는 생물체의 무게를 달아보면 그중 60%가 미생물이라고 해요. 눈에 보이지는 않지만 수적으로나 양적으로나 지구의 지배자인 셈입니다. 도대체 이 많은 미생물들이 어디서 무얼 하고 있는 걸까요?

미국 국립보건원(NIH)은 '인간 미생물군집 프로젝트(HMP; Human Microbiome Project)'라는 이름으로 지난 5년간 200여 명이 넘는 과학자들과 협력 연구를 진행했습니다. 우리 돈으로 2,000여억 원이 들어간 이 연구의 1차 결과가 2012년 6월에 발표되었는데, 인간과 미생물의 끈끈한 관계를 잘 보여주는군요. 우리 몸을 구성하는 세포의 수는 약 60~100조인데 우리 몸에 함께 사는 미생물 수는 약

100~1,000조 마리라고 합니다. 정말 깜짝 놀랄 만큼 많은 숫자죠? 이 많은 미생물들이 우리 몸에서 과연 무슨 일을 하고 있는 걸까요? 1만 종이 넘는 다양한 미생물은 우리 장과 피부를 비롯해 몸속 구석구석 존재하며 나쁜 미생물이 침범하지 못하도록 파수꾼 역할을 하고 소화를 돕기도 합니다.

재미있는 점은 사람마다 개성이 있듯 우리 몸속 미생물도 사람에 따라 다양한 개성을 보인다고 하네요. 이런 차이를 이용해 비만 환자에게 날씬한 사람의 장내 세균을 이식하는 임상실험도 진행 중이라고 합니다. 머지않아 다이어트용 장내세균을 구입해서 먹을 수 있는 날이 올 것입니다.

이렇듯 미생물의 신비는 끝이 없습니다. 하지만 지금 우리의 관심사는 퇴비니까 다시 유기물을 흙으로 돌려보내려 애쓰고 있는 미생물을 살펴봅시다. 가만, 조용히! 어디선가 미생물들이 외치는 소리가 들리는데요? "모든 것은 다 흙으로 돌아가리니…… 내가 가능하게 하리라!" 오호, 너무 자신만만한 것은 아닐까요? 자, 그러면 우리 미생물이 어떻게 모든 것을 흙으로 돌려보내는지 한번 살펴볼까요?

헉, 이게 무슨 냄새지?

여러분, 봄나들이 간 시골길에서 맡아본 냄새를 기억하세요? 자신도 모르게 코를 움켜쥐게 만들었던 그 냄새, 다들 한번쯤 맡아보았을 겁니다. 어찌나 지독한지 고개를 절레절레 흔들게 되지요. 이 냄새는 길 가장자리 밭에 뿌려놓은 발효가 덜된 퇴비 냄새일 경우가 많습니다.

봄철이 되면 작물을 심기 위해 밭에 미리 퇴비를 뿌려놓아야 하는데 이를 위해 대부분의 농가는 닭이나 돼지의 똥이 섞인 축분 퇴비를 구입합니다. 퇴비 공장에서 구입한 축분 퇴비는 분해가 덜된 상태로 판매되어 밭에 뿌려놓으면 지독한 똥냄새를 풍깁니다. 이른 봄부터 밭을 가꾸려고 부지런히 퇴비를 뿌린 농부만 죄 없이 민망해집니다.

하지만 돼지똥이나 닭똥을 섞어 퇴비를 만든다고 해서 늘 이렇게 불쾌한 냄새가 나는 것은 아닙니다. 퇴비를 어떻게 만드느냐에 따라 구수한 냄새가 나기도 하고 악취를 풍기기도 하거든요. 시중에서 판매하는 퇴비는 많은 양의 퇴비를 빨리 만들어 판매하려다 보니 이렇게 발효가 덜된 상태로 포장이 되어 악취를 풍기는 것이지요. 퇴비를 만드는 데 걸리는 시간은 자연 상태에서는 6개월, 기계를 이용한 퇴비화 시설에서는 최소 80일 정도입니다. 그러나 실제로 판매되는 퇴비 중 일부는 제조 기간이 이보다 짧아서 미생물이 유기물을 충분히 분해하지 못한 경우가 더 많습니다.

충분히 분해되지 못한 음식물이나 생똥을 밭에다 뿌리면 흙 속에 사는 토양미생물이 빠르게 분해를 시작합니다. 좋아하는 먹이가 들어오면 미생물은 기하급수적으로 늘어납니다. 사람은 자식을 낳으려면 최소 몇 십 년의 세월이 필요하지만 미생물이 자식을 낳는 데엔 20분 정도밖에 걸리지 않습니다. 20분 만에 하나가 쪼개져 바로 두 개가 되는데 부모나 자식이나 능력이 같습니다. 이 두 마리의 미생물은 환경만 좋으면 20분 만에 또 쪼개져 금방 네 마리가 된답니다. 미생물은 정말 대단한 능력자죠?

미생물은 유기물을 분해할 때 산소를 사용합니다. 그런데 미생물이 이처럼 기하급수적으로 늘어나니 땅속 산소는 금방 동이 날 수밖에요. 당연히 산소를 좋아하는 미생물은 더 이상 활동할 수 없게 되겠지요? 이때부터 공기를 싫어하는 미생물이 마구 활개를 치는데 이 미생물은 힘이 약해 유기물을 완전히 분해하지 못하고 다양한 악취물질을 만들어냅니다. 그래서 음식이 썩을 때처럼 땅도 악취를 풍기며 썩어가는 것이죠.

마찬가지로 분해가 덜된 퇴비가 비닐포대에 들어가면 어떤 미생물이 활동할까요? 포대 안에는 공기가 없으니 공기를 싫어하는 미생물이 활동하겠지요. 이 혐기성(嫌氣性) 미생물은 유기물을 분해하며 암모니아, 황화수소 같은 악취물질을 만들어냅니다. 여러분이 아지랑이 피는 봄날 시골길에서 맡은 냄새는 공기를 싫어하는 미생물이 분주하게 활동한 까닭이랍니다.

112

퇴비를 만드는 다양한 미생물

여러분, 열심히 운동하면 몸에서 땀이 나지요? 미생물도 마찬가지랍니다. 산소를 좋아하는 호기성(好氣性) 미생물은 유기물을 분해하며 열을 냅니다. 그런데 이 열이 얼마나 대단한지 몰라요! 잘 발효되고 있는 퇴비더미의 온도가 80℃ 가까이 오르기도 하니까요. 달걀을 파묻으면 익을 정도입니다. 이때 발생하는 열을 '발효열'이라고 합니다. 호기성 미생물은 포도당 한 분자로 657.6kcal의 열을 만들어내지만 혐기 미생물은 오직 27.9kcal의 열만 만들 수 있습니다. 발효열이 쌓여 퇴비더미 속의 온도가 65℃가 넘어야 나쁜 병원균과 잡초씨, 기생충알, 항생제 등 작물에 독이 되는 물질을 충분히 분해시킬 수 있습니다. 공기가 없어 열이 나지 않으면 이런 나쁜 물질이 그대로 쌓입니다. 그래서 일반 퇴비를 만들 때 가장 중요한 일 중 하나가 퇴비더미의 온도가 충분히 올라서 해가 되는 물질을 분해하도록 하는 것입니다.

그렇다고 열 내는 미생물이 마냥 좋지만은 않습니다. 열이 오르면 병원균도 죽지만 퇴비에 득이 되는 좋은 미생물도 같이 죽습니다. 또 공기를 싫어하는 미생물이라고 다 나쁘지만도 않습니다. 우리나라 대표 발효음식인 김치도 공기를 좋아하지 않는 젖산균의 발효작용으로 맛이 듭니다. 젖산균은 당을 분해하여 식초와 같은 젖산을 만들기 때문에 김치가 숙성되면 신맛이 나는 거랍니다. 젖산균은 퇴비를 만드는 데도 중요한 역할을 합니다. 낙엽에 미생물이 좋아하는 쌀겨를 약간 섞고 물을 적당히 뿌려 몇 개월 묵히면 새콤달콤한 향을 내며 부숙이 잘 진행됩니다. 이렇게 젖산균이 젖산을 많이 만들면 식중독을 일으키는 병원균이 견디지 못하고 죽습니다. 전라도의 어떤 지방은 김치를 담글 때 생돼지고기를 썰어 넣습니다. 만약 돼지고기에 식중독균이 오염되어 있으면 어떻게 될까요? 중앙대학교 식품영양학과에서 실험을 해보니 15일이면 유산균이 만들어낸 젖산이 식중독균을 모두 사멸시킬 수 있다는 결과가 나왔답니다.

　새콤한 향을 풍기는 젖산은 또한 최후의 분해자 곰팡이가 매우좋아하는 먹이입니다. 새콤달콤한 맛이 낙엽을 분해하는 유익한 곰팡

이를 불러들입니다. 곰팡이는 낙엽을 분해하며 젖산균이 쓸 수 있게 당을 만들어줍니다. 미생물도 서로서로 도우며 흙을 생명이 넘치는 곳으로 만들어줍니다. 싱그러운 향을 풍기며 썩고 있는 낙엽더미를 들춰보면 지렁이, 톡토기, 노린재, 응애 등 상상할 수 없을 만큼 다양한 생명을 만나게 됩니다. 미생물이 만들어준 낙원에서 생명의 향연이 펼쳐지는 것이죠.

최후의 분해자 곰팡이는 미생물과 다르게 우리 생활에서 불청객 취급을 받는 경우가 종종 있습니다. 장마철에 오랫동안 입지 않던 옷을 꺼내보면 허옇게 곰팡이가 피어 있는 것을 보게 됩니다. 난감한 일이죠. 이렇게 평소 우리가 접하는 곰팡이는 좋은 모습이 아닙니다. 식성 좋은 곰팡이에게는 다른 생물이 먹지 못하는 종이 벽지도, 가죽도, 콘크리트도, 심지어 쇠까지도 맛있는 먹잇감입니다. 산도가 낮거나 높아도 습기만 적당하면 닥치는 대로 먹어치웁니다. 이러한 식성 때문에 인간의 생활 영역에 자주 끼어들어 불편을 끼치기도 합니다. 하지만 곰팡이를 미워하면 안 됩니다. 곰팡이가 활동해주지 않으면 지구는 쓰레기로 가득 차버릴 테니까요.

잘 부숙되고 있는 퇴비더미를 보면 하얗게 방선균(放線菌)이 피어 있는 것을 볼 수 있습니다. 이것은 곰팡이는 아니지만 곰팡이처럼 강력하게 유기물을 분해할 수 있는 미생물이죠. 세포가 마치 곰팡이의 균사처럼 실 모양으로 연결되어 발육하며, 그 끝에 포자를 형성하는 특징이 있지만 핵과 세포벽이 없는 원핵생물입니다.

토양에서 검출되는 방선균은 개성에 따라 어디서나 살 수 있습니다. 그렇지만 우리가 가장 많이 접하는 방선균은 공기를 좋아하고, 적당한 온도에서 유기물을 분해하며 에너지를 얻는 것들로 보통 토양 1g당 수백만 개씩 존재합니다. 우리가 맡는 흙냄새의 주인공도 방선균입니다. 방선균이 내뿜는 지오스민이라는 물질은 신선한 흙냄새를 나게 합니다. 토양 중 방선균은 스트렙토마이신이나 테트라시클린 등과 같은 항생물질을 생산해 병원균의 침입을 막기도 하지만, 반대로 감자 더뎅이병(과실·줄기·잎맥·잎자루 등에 솟아오르는 둥근 모양의 병반(病斑)이 생기는 작물의 병)이나 고구마 잘록병 등의 원인이 되기도 해요.

퇴비는 미생물 간에 사이좋은 공생의 장소이기도 하지만 치열한 전투장이기도 합니다. 온도가 낮으면 낮은 온도를 좋아하는 미생물이 급격하게 늘어나 유기물을 분해하고, 발효열이 발생하여 온도가 오르기 시작하면 높은 온도에서 잘 견디는 미생물이 슬슬 기지개를 켭니다. 이때 산소가 부족하면 열을 낼 수 없어 혐기성 미생물이 자리를 차지하고 산소가 충분하면 열이 쌓입니다. 신나게 먹이를 먹어치우다 열이 올라 60℃가 넘으면 견딜 수 없게 된 미생물이 대부분 죽거나 단단한 씨앗(포자)을 남기고 사라집니다. 이때는 높은 온도를 좋아하는 호열성 세균이 제 세상을 만난 듯 신이 나서 퇴비더미를 독차지 합니다. 그러다 퇴비더미 온도가 슬슬 떨어지면 다시 중온성 미생물에게 자리를 내어주게 되지요. 곰팡이나 세균이 만드는 단단한 씨앗을 포자라고 하는데 때를 기다리던 이 씨앗은 적당한 환경이 되면 다시 활발히 활동하는 미생물의 모습으로 변합니다. 그리고는 느긋하게 시간을 갖고 유기물의 최후 분해에 참여하는 것이지요.

모든 것은 타이밍의 문제야

충분히 부숙시킨 유기물은 어떤 경우에도 토양을 해치지 않습니다. 그러나 유기물이 부숙되는 동안 작물에 필요한 아까운 양분도 다 분해됩니다. 부식질은 양분 역할은 거의 없고, 오직 토양이 물과 공기를 잘 머금을 수 있도록 물리적 성질을 바꿔줄 뿐입니다. '떼알구조'가 잘 형성된 좋은 흙이라면 생유기물이 어느 정도 들어와도 토양 자체에 미생물이 풍부하고 공기가 잘 통하여 분해가 쉽습니다. 생유기물은 분해되며 미생물의 숫자를 늘리고, 미생물이 만들어낸 점액질로 흙의 떼알구조는 단단해져서 더 좋은 흙이 됩니다. 유기물이 분해되는 동안 작물에 영양분을 공급하기도 합니다. 그래서 생유기물이 항상 나쁘다고 말할 수는 없습니다.

뭔가 이상하지요? 완숙퇴비가 좋다고 했다가 생유기물을 쓰면 오히려 양분을 공급하고 토양의 떼알구조가 더 단단해져 좋은 땅을 만들 수 있다고도 하니 말입니다. 마찬가지로 퇴비 만들 때도 열이 나야 병원균이 죽고, 독이 되는 물질도 제거할 수 있다고 했다가 낙엽 퇴비는 낮은 온도에서도 젖산균이 훌륭히 부숙시킨다고 하니까요.

왜 그럴까요? 자연의 조화로움이란 우리가 생각하는 것보다 한없이 넓고 다양해서 단순하게 일반화시켜 "이것만이 정답이야!"라고 이야기할 수 없기 때문입니다. 쌀쌀한 날씨에는 옷을 껴입어 체온을 보호해야 하듯 퇴비를 만들 때도 재료를 꼭꼭 눌러 미생물이 만들어낸 열을 빼앗기지 않게 해주어야 좋지만, 더운 여름에 퇴비더미를 꼭꼭 밟아 놓아둔다면 금방 썩어서 악취를 풍길 겁니다. 계절에 따라, 재료에 따라, 언제, 어디에 쓸 것인지에 따라 퇴비를 만드는 과정도 달라져야 합니다.

학생은 공부를 열심히 해야 한다고 해서 체육 시간에 책을 읽으면 어떻게 될까요? 그런 친구는 공부를 진짜로 잘하는 학생이 되기 어렵습니다. 친구를 사귈 때도 마찬가지입니다. 어떤 경우에는 친구에게 양보하고 배려해야 하지만, 어떤 경우에는 자기 의견을 굽히지 않고 당당하게 나가야 합니다. 모든 것은 타이밍의 문제입니다. 작물을 기르기 위해서도 토양의 상태에 따라 양분이 많은 유기물이 필요하기도 하고, 분해가 모두 끝난 부식질이 필요하기도 합니다. 상황에 따라 달라지는 것이죠! 그 상황을 이해하기 위해서 필요한 것은 바로 경험입니다. 그래서 우리 친구들에게도 간접 경험인 독서와 직접 경험인 여행이나 운동 등의 활동이 필요한 거고요. 잘 하는 것도 중요하지만 지금 필요한 것이 무엇인가를 아는 것 또한 대단히 중요한 일이잖아요?

쌤이 지금까지 설명한 미생물이 퇴비를 만들어가는 과정 또한 여러분이 꼭 경험해보았으면 좋겠어요. 과학이란 자연계의 여러 가지 현상을 연구하고, 그 현상을 일으키는 근본 원리나 법칙을 발견하려는 행위입니다. 퇴비를 만들고, 흙을 가꾸고, 작물을 기르는 경험을 통해 스스로 진리를 밝히는 일이야말로 진정한 과학이라고 할 수 있죠. 언제, 어디서, 어떤 재료를 사용해 퇴비를 만들었는지 꼼꼼히 기록하고, 재료가 어떻게 부숙되는지 자세히 관찰하세요. 온도계를 꽂아두고 재어보거나, 냄새를 맡아보고, 색의 변화를 관찰할 수도 있습니다. 다음에는 다른 재료를 써보고 내가 전에 만들었던 퇴비와 어떻게 다른지 비교해볼 수도 있습니다.

어떻게 하면 퇴비더미에 달걀을 넣어놓고 발효열로 익게 할 수 있을까? 퇴비더미 온도가 진짜 80℃까지 올라가기는 하는 걸까? 이런 궁금증을 여러분 스스로 멋지게 풀어보기 바랍니다. 여러분은 이런 과정을 통해 자연의 신비를 벗기는 탐구심 많은 과학자가 될 수 있을 거예요!!

내 손으로 만드는 퇴비

여러분, 혹시 밥을 남긴다고 부모님께 혼이 난 경험 없으세요? 먹을 만큼 담지 않고 욕심을 부리다 음식을 남기는 것은 농부님들의 땀과 정성이 밴 소중한 곡식과 채소를 쓰레기로 만드는 일입니다. 조사에 따르면 우리나라에서 하루에 발생하는 음식물 쓰레기의 양은 국민 1인당 약 1kg이라고 합니다. 이렇게 발생한 음식물 쓰레기는 땅에 묻기도 하고 소각시키기도 합니다. 각 시군 지자체에서는 음식물 쓰레기를 처리하기 위해 막대한 예산을 투입하고도 골치를 앓고 있습니다. 환경부는 2000년 이후 음식물 쓰레기 발생량이 꾸준히 증가하여 우리나라 전체적으로 연간 8,000억 원의 처리 비용이 발생한다고 밝혔답니다. 이런 문제를 해결하기 위해 정부에서는 음식물 쓰레기 배출량에 따라 수수료를 부과하는 종량제를 2013년 1월 1일부터 전면 실시할 예정입니다. 아파트에 사는 사람들은 지금까지 음식물 쓰레기를 버리면서 따로 돈을 내지 않았지만 앞으로는 버리는 만큼 돈을 내야 합니다.

이렇게 골칫덩어리인 음식물 쓰레기를 보물로 바꿀 수 있는 방법이 있습니다. 우리 친구들이 먹다 남긴 밥은 미생물이 분해하기 좋은 유기물 상태로 버리면 쓰레기가 되지만 부숙시키면 바로 검은 황금이라고 부르는 퇴비로 만들 수 있습니다. 다양한 재료를 가지고 맛있는 음식을 만들어보는 경험은 흥미로운 일입니다. 하지만 남은 음식물을 가지고 새로운 작물을 키울 수 있는 영양분인 퇴비를 만들어보는 일은 흥미를 더해 자연계에서는 버릴 것이 하나도 없다는 깨달음까지 얻을 수 있을 거예요.

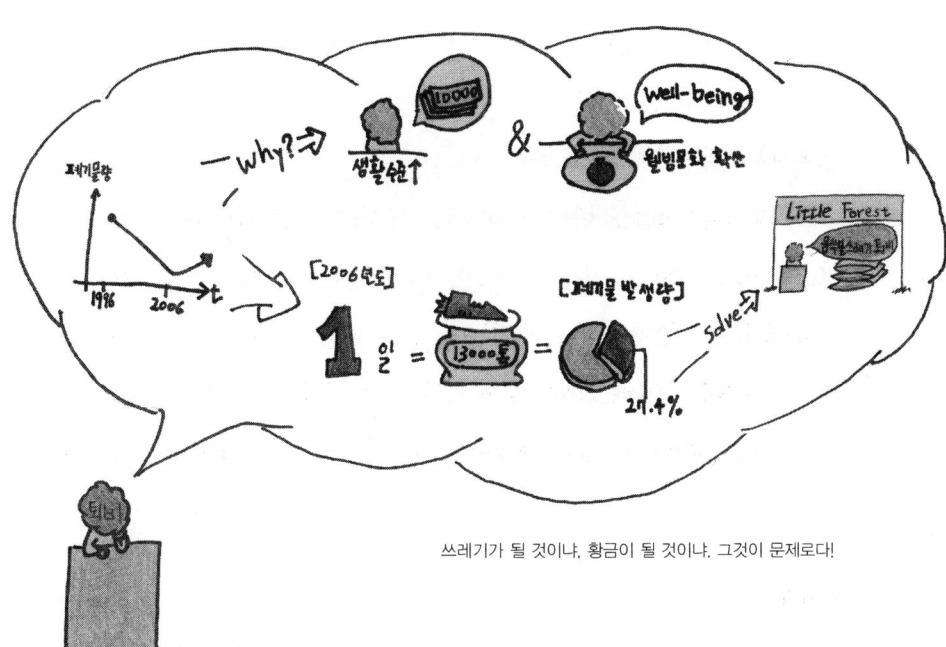

쓰레기가 될 것이냐, 황금이 될 것이냐. 그것이 문제로다!

자, 그렇다면 퇴비 레시피를 한번 살펴볼까요? 퇴비를 만들려면 우선 재료가 있어야겠지요. 퇴비의 재료는 우리 주변에서 쉽게 구할 수 있는 것이 좋습니다. 그래야 부담 없이 퇴비 만들기를 시작할 수 있으니까요.

분해될 수 있는 것은 무엇이나 퇴비 재료가 될 수 있으니 먼저 주변을 둘러보기 바랍니다. 여러분이 찾기 쉬운 가장 좋은 재료는 주방에 있을 거예요. 과일껍질, 다듬고 남은 채소, 먹다 남은 밥 등은 모두 미생물이 좋아하는 먹이입니다. 이렇게 남은 음식물을 모아 수분을 흡수할 수 있는 재료 속에 묻어두기만 해도 시간이 지나면서 퇴비가 됩니다. 너무 쉽다고요? 과연 그럴까요? 궁금하다면 확인을 해봐야겠지요. 우리가 직접 퇴비를 만들면서 음식물 쓰레기가 어떻게 검은 황금으로 변화하는지 한번 경험해봅시다.

퇴비를 만드는 가장 손쉬운 방법

"우리 집은 시골도 아니고 마당도 없는데 어떻게 퇴비를 만드나요?" 하고 질문하고 싶은 친구들이 있을 거예요. 걱정하지 마세요. 아파트에서도 얼마든지 퇴비를 만들 수 있습니다. 스티로폼 상자를 하나 준비해서 아파트 베란다 바닥에 놓고 적당한 크기의 마대자루를 올려놓습니다. 마대자루 속에 10cm 높이 정도로 원예용 상토를 깝니다. 꽃집이나 모종을 판매하는 곳이면 어디서나 원예용 상토를 판매합니다. 상토는 씨앗이나 꽃을 화분에 쉽게 심을 수 있도록 만들어놓은 가벼운 흙입니다. 원예용 상토는 일반 흙과 달리 코코넛 껍질 등을 이용해서 만든 것이라 무게가 가볍고, 물도 오랫동안 머금을 수 있습니다.

음식물이 남으면 그것을 바로 원예용 상토를 깔아놓은 마대자루 속에 홀홀 뿌리세요. 그러고 나서 다시 원예용 상토를 음식물이 보이지 않을 만큼 덮은 뒤 음식물과 골고루 섞어놓고 마대를 묶습니다. 남은 음식물이 발생할 때마다 이렇게 원예용 상토와 고르게 섞어서 마대가 다 찰 때까지 채운 다음 마대가 다 차면 묶어놓고 내버

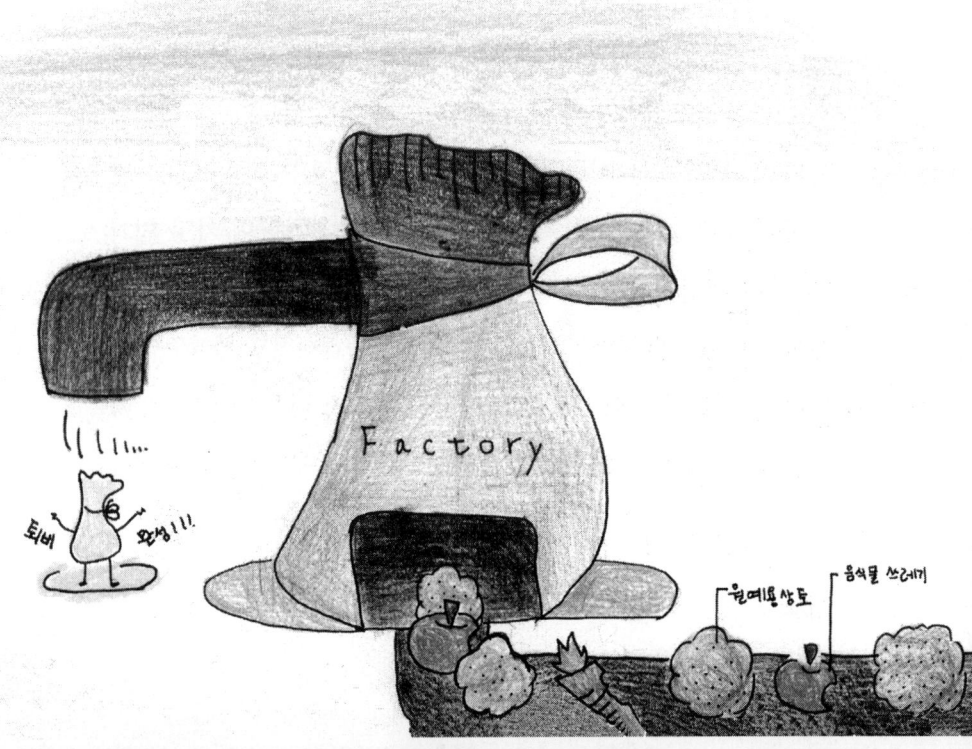

려둡니다. 일주일 후 마대자루를 한번 열어보세요. 어떻게 되어 있나요? 신선한 냄새가 나며 퇴비가 잘 되고 있는 것처럼 느껴지나요? 아니면 썩은 냄새가 나고 무언가 잘못되었다는 생각이 드나요? 왜 이런 차이가 생겼을까요? 이제부터 그 원인을 차근차근 살펴보겠습니다.

어떤 재료가 좋을까?

유기물을 분해하는 미생물은 눈에 보이지 않을 정도로 매우 작습니다. 그러니 이름도 한자로 작을 미(微)를 써서 미생물(微生物)이지요. 보통 세균은 1mm를 1,000개로 쪼개 놓은 크기입니다. 이렇게 작은 생물들이 우리가 버린 음식물에 달라붙어 맛있는 식사를 하고 있는 것입니다. 이런 미생물을 도와주려면 많은 미생물이 달라붙을 수 있도록 최대한의 공간을 만들어주어야 합니다. 재료를 잘게 나눠 표면적을 넓혀주면 미생물이 붙을 수 있는 자리가 많아져서 분해가 빨라진답니다. 가루 형태의 재료는 미생물이 가장 먹기 좋아하는 것이죠. 만일 퇴비의 온도가 오르지 않는다면 쌀겨나 깻묵, 설탕처럼 미생물이 분해하기 좋은 양분을 5% 정도 섞어주세요.

재료는 다양할수록 좋습니다. 과일 껍질, 채소 다듬고 남은 것, 먹다 남긴 밥, 생선, 고기, 유통기한이 지난 빵 등 무엇이든 퇴비더미

속에 넣어보라니까요! 훌륭한 재료가 될 것입니다. 하지만 주의해야 할 게 있어요! 염분이 높은 장류와 기름 종류의 재료는 퇴비에 섞으면 안 됩니다. 염분이 높은 재료는 흙의 떼알구조를 해치고 삼투압을 높여 작물의 뿌리에 해가 되거든요. 그러니까 염분이 높은 고추장이나 된장은 퇴비에 섞지 말아야겠죠? 김치처럼 간이 센 반찬 찌꺼기는 퇴비에 그냥 섞지 말고 물에 헹궈준 다음 넣는 게 좋습니다.

기름 종류는 분해하는 데 시간이 오래 걸리기 때문에 넣지 않는 편이 좋고요. 그러나 고기 조각에 붙은 지방처럼 많은 양이 아니라면 크게 걱정하지 말고 퇴비 속에 넣어도 됩니다. 퇴비를 실내에서 만드는 경우라면 생선이나 고기류는 섞지 않는 편이 관리하기 편합니다. 이런 재료는 작은 동물이나 파리가 좋아하는 먹이라서 구더기나 날파리가 생기기 쉽거든요. 만약 이런 재료를 넣고 싶다면 퇴비더미 한가운데 묻어서 해충의 접근을 막아야 합니다.

수분의 양은 얼마가 좋을까?

우리 몸에서 물이 차지하는 비율이 65% 정도이듯 미생물에게도 반드시 물이 필요합니다. 미생물이 개체수를 늘리고 유기물을 분해할 때 물을 사용하기 때문이죠. 퇴비화에 적당한 수분의 비율은 50~65% 정도입니다. 수분이 너무 적으면 미생물이 활발히 활동하는 데 어려움이 있고, 너무 높으면 공기를 통하는 길까지 막아버려 산소를 이용해서 열을 내는 미생물이 활동하기 어렵지요. 집에서 생기는 음식물 쓰레기의 수분 비율은 약 80%로 매우 높아요. 이런 재료를 모아놓으면 물이 생기고, 혐기성 미생물이 주로 자라나 냄새가 나게 됩니다. 그래서 음식물 쓰레기를 퇴비화하려면 최대한 물기를 빼고 수분 조절제와 혼합하여 공기가 드나들 수 있는 공간을 만들어주어야 합니다.

섞어놓은 퇴비 재료의 수분 비율을 알 수 있는 가장 쉬운 방법은 손으로 만져보는 것입니다. 재료를 꼭 쥐었다 폈을 때 재료들이 뭉치고 손에 물기가 묻어날 정도라면 수분의 비율이 70% 이상으로 높은 상태입니다. 재료를 만졌을 때 뽀송뽀송한 기분이 들면 비율이 50~60% 정도인데, 이때가 가장 좋은 상태입니다. 수분이 낮으면 미생물 활동이 떨어져 퇴비가 되는 시간이 길어지지만 악취를 줄일 수 있지요. 음식물 쓰레기에는 원래 수분의 비율이 높으므로 최대한 물기를 줄일 수 있도록 마른 재료를 많이 섞어야 합니다. 수분이 낮으면 관리하기는 쉽지만 한번 악취가 나기 시작하면 좋은 상태로 되돌리기가 어렵답니다.

재료의 수분 비율을 가정에서도 비교적 정확히 알아낼 수 있는 방법은 말려보는 것입니다. 퇴비를 100g 덜어 신문지 위에 펼쳐놓고 베란다 햇빛에 완전히 말린 다음 무게를 재봅시다. 무게가 30g

으로 줄어들었다면 퇴비 재료의 수분 비율은 70%입니다. 이렇게 말리는 데 시간이 오래 걸리면 전자레인지를 사용할 수도 있습니다. 전자레인지에 잘 섞인 퇴비 재료를 50g 넣고 타지 않을 정도로 가열합니다. 처음에는 10분간 전자레인지로 가열하고 수분이 어느 정도 말랐으면 5분 동안 두 번 다시 가열해보세요. 그러면 수분이 거의 없을 정도로 마릅니다. 재료가 바짝 마른 상태인지 확인하여 바짝 마를 때까지 가열합니다. 이렇게 수분이 제거된 재료의 무게를 재어 처음과 비교해보면 비교적 정확하게 수분의 비율을 알아낼 수 있습니다.

재료의 수분 비율을 언제나 정확하게 재기란 매우 까다로운 일이므로 여기엔 어느 정도 경험이 필요합니다. 섞어놓은 퇴비 재료를 만져보고 느낌을 기억해두는 게 좋겠죠? '이 정도 느낌일 때 수분이 어느 정도'라는 것을 알게 되었을 때 퇴비 재료의 수분 비율을 조정할 수 있는 경험이 생겼다고 말할 수 있겠지요.

요리 레시피를 보면 적량(適量)이라는 표현이 자주 나옵니다. 바로 이 적량이 음식을 만드는 손맛을 결정하는 것이지요. 결국 어머니의 손맛이라는 것도 경험에서 나온 것이겠지요? 여러분도 퇴비 수분율 측정을 열 번 정도만 해보면 퇴비의 손맛을 알게 될 거예요. 그러면 퇴비 재료의 수분을 조절하지 못해서 낭패를 겪는 일도 없어질 거고요.

탄소 대 질소의 비율도 중요해!

생물을 구성하는 원소의 구성 비율은 미생물에서 사람, 식물 등 그 종류에 관계없이 거의 비슷합니다. 생산자인 식물에서 얻을 수 있는 원소와 소비자인 동물의 원소가 동일하게 구성되어야 순환이 가능하기 때문입니다. 분해자 또한 이런 동식물을 이용하니 당연히 그 구성 비율이 비슷하겠지요? 식물은 자신의 몸체를 이루는 물질을 광합성을 통해 스스로 만들어냅니다. 이산화탄소와 물을 이용해서 포도당을 만들면 이 포도당을 이용해서 탄수화물과 지방을 만들고, 질소를 붙여 단백질을 만들기도 합니다.

사람의 몸에서 가장 높은 질량비를 보이는 원소는 산소입니다. 거의 65%나 됩니다. 그 다음으로 탄소 18%, 수소 10%, 질소 3%, 칼슘 1.5%, 인 1%로 여섯 가지 원소가 질량비로 98.5%를 차지합니다. 미생물도 종류에 따라 다르지만 전체적으로는 매우 비슷합니다. 미생물이 활발히 활동하려면 미생물의 먹이도 탄소와 질소를 고르게 갖고 있어야 합니다. 쉽게 설명하면, 사람이 음식을 골고루 먹어야 건강한 것처럼 미생물도 골고루 먹어야 활동을 잘한다고 볼 수 있겠죠?

퇴비를 만드는 재료에 탄소와 질소가 얼마나 포함되어 있는가를 나타내는 말이 '탄질(C/N)율'입니다. 퇴비화 과정 중 탄소는 미생물의 에너지원으로, 그리고 질소는 영양원으로 사용됩니다. 퇴비 만들기에 적합한 탄질율은 30 전후입니다. 퇴비 재료 중 탄소가 너무 많으면 질소가 모자라 미생물이 쉽게 늘지 못하고, 퇴비 만드는 기간이 길어집니다. 반대로 질소가 너무 많으면 에너지가 부족하여 퇴비가 원활히 만들어지지 못하고, 남는 질소는 암모니아 가스 형태로 공기 중으로 날아가버립니다.

아까운 양분이 퇴비를 분해하는 데 쓰이지 못하고, 냄새 물질로 날아가니 질소가 많은 것도 적은 것도 다 해가 됩니다. 그렇다고 퇴비 재료에 탄소와 질소가 얼마만큼 포함되어 있는지 쓰여 있는 것도 아닌데 어떻게 이것을 적당히 맞출 수 있냐고요? 걱정하지 마세요. 방법이 있습니다. 재료의 성격을 보면 탄질율을 쉽게 예측할 수 있으니까요. 보통 물을 빨아들일 수 있는 재료는 탄질율이 높습니다. 이런 재료를 수분을 조절한다고 하여 '수분조절제'라고 부르는데 주로 톱밥, 벼의 껍질인 왕겨, 신문지, 나뭇잎, 볏짚 등이 여기 해당합니다.

나무는 환경에 굴하지 않고 오랜 세월을 버텨야 하니 미생물이 쉽게 분해할 수 없도록 탄소를 촘촘히 묶어 몸을 단단하게 만듭니다. 그래서 톱밥의 탄질율은 500~1,000이 되기도 합니다. 에너지를 모두 소모하고 떨어지는 낙엽은 탄질율이 50 정도입니다. 볏짚도 나무만큼은 아니더라도 잎과 줄기의 영양분을 모아 쌀알에 저장하느라 질소를 모두 써버립니다. 볏짚의 탄질율은 65 정도이죠. 벼 껍질인 왕겨는 쌀알을 보호하느라 쉽게 분해할 수 없도록 탄소로 몸을 감싸고 있어 탄질율이 100 정도고요.

반대로 질소 비율이 높은 재료는 한참 자라고 있는 풀, 채소, 과일, 각종 음식물 쓰레기 등입니다. 이런 재료의 탄질율은 20 정도입니다. 물기가 많고 사람이 잘 소화할 수 있는 음식물은 모두 질소 비율이 높다고 보면 됩니다. 사람이나 가축이 소화하고 난 찌꺼기인 똥도 탄질율이 낮습니다. 그중 특히 닭똥은 완전히 소화되지 않는 영양소가 많아 양분이 높기 때문에 퇴비 재료로 많이 쓰입니다. 닭똥의 탄질율은 8 정도입니다.

영양분을 잔뜩 갖고 있는 씨앗들은 탄질율이 낮습니다. 기름을 짜고 나온 깻묵, 하얀 쌀을 만드느라 쌀알에서 벗겨낸 쌀겨 등은 미생물이 가장 좋아하는 먹이입니다.

퇴비를 만들 때 탄소 비율이 높은 재료와 질소 비율이 높은 재료를 고르게 섞어 탄질율을 맞춰주어야만 미생물이 늘어나 쉽게 부식시킬 수 있습니다. 산에 있는 나뭇잎이 분해되는 데 시간이 많이 걸리는 것은 질소가 모자라 미소동물과 미생물이 긴 시간 동안 힘을 합쳐야 하기 때문입니다.

질소가 적은 재료를 퇴비로 만들면 악취가 나지 않습니다. 질소가 암모니아 형태로 날아가거나 단백질이 혐기 미생물에 의해 분해되는 과정에서 악취가 발생하는데 질소질이 적으면 이런 물질 자체가 생성되지 않기 때문입니다. 대신 공기를 좋아하는 미생물도 활동하기 어려워 발효열을 발생시키지 않습니다. 어쩌면 시간을 두고 공들여 유기물을 녹여내고 있다고 하는 편이 맞을 겁니다. 이렇게 만들어진 퇴비는 영양분은 거의 없지만 부식이 풍부하여 토양을 숨 쉬게 해주고 새롭게 영양분이 들어오면 넉넉하게 품을 수 있습니다.

온도와 통기성을 체크하자

일반적으로 미생물이 가장 좋아하는 온도는 36~40℃ 정도입니다. 이때 가장 빠르게 숫자를 늘릴 수 있지만 20℃ 이상만 되도 많은 미생물이 활발히 활동할 수 있습니다. 신선한 퇴비 재료에는 잡초 종자, 기생충 알, 병원균과 같이 작물 재배와 사람에 해가 되는 물질이 들어 있을 수 있습니다. 톱밥도 식물의 발아를 억제하는 물질을 갖고 있어서 이런 해로운 물질을 없애려면 65℃ 이상의 고온에서 퇴비화 과정을 거쳐야 합니다.

탄질율이 30 정도로 적당하고 수분율이 50~56% 정도인 재료가 잘 섞이면 하루가 지나지 않아 퇴비더미에서 발효열이 발생하고 온도가 오르기 시작합니다. 경우에 따라 미생물이 쉽게 분해할 수 있는 쌀겨나 깻묵 같은 재료를 조금 섞어주면 발효열이 잘 발생하기 때문에 퇴비 온도를 65℃ 이상 올리는 일이 어렵지 않습니다. 오히려 열이 80℃까지 너무 높게 오르는 경우가 있지요. 이렇게 열이 높아지면 미생물이 사멸하고 수분율이 낮아져 오히려 퇴비화를 방해합니다. 일주일 후에 퇴비더미나 퇴비자루를 한 번 뒤집어서 재료를 골고루 다시 섞어주면서 수분을 보충하고 공기를 넣어주면 퇴비화가 다시 진행됩니다. 그 후 2주 후, 한 달 후 두 번 더 뒤집어 재료가 모두 골고루 부숙될 수 있도록 합니다. 마지막 뒤집기를 한 후 3개월 정도 후숙시키면 훌륭한 퇴비가 완성됩니다. 봄부터 가을까지 낮 기온이 20℃만 넘으면 퇴비 만들기에 큰 무리가 없습니다. 외부 기온이 낮을 때는 보온 덮개를 덮어 만들어진 열이 밖으로 쉽게 빠져나가지 않도록 하는 것이 요령입니다. 겨울은 미생물이 숫자를 늘리지 않기 때문에 퇴비화가 진행되지 않습니다.

황금알을 낳는 거위처럼

우리 친구들이 만든 퇴비에서 만약 썩은 냄새가 난다면 수분율, 탄질율 또는 온도 등에서 문제가 있었을 겁니다. 그러니까 포기하지 말고 원인을 잘 찾아내서 다시 한 번 도전해봅시다. 처음에는 누구에게나 어려운 법입니다. 하지만 퇴비 만들기의 재미는 한 번 성공하면 그 다음부터는 황금알을 낳는 거위처럼 계속해서 검은 황금을 만들어낼 수 있다는 점입니다. 새로 발생한 음식물 쓰레기를 퇴비더미와 섞기만 해도 퇴비 속의 다양한 미생물이 음식물을 잘 분해해줍니다. 마대자루 하나 정도의 퇴비를 만들고 나면 이를 음식물 쓰레기가 발생할 때마다 수분조절제로 사용하면 됩니다. 마대자루 바닥에 완성된 퇴비를 깔고 음식물 쓰레기와 고르게 섞어 마대자루를 채워나갑니다. 마대자루가 다 차면 처음 퇴비를 만들 때처럼 가끔 뒤집기만 해주면 됩니다. 좋은 퇴비만 갖고 있으면 퇴비화는 식은 죽 먹기입니다. 잘 만들어 놓은 퇴비는 날마다 검은 황금을 낳아서 우리들을 기쁘게 해줄 것입니다.

이렇게 만든 퇴비는 미생물이 가득하고 훌륭한 수분조절제 역할

날마다 검은 황금을 낳는 퇴비

을 하기 때문에 가정에서 나오는 음식물 쓰레기를 힘들이지 않고 퇴비로 바꾸어줍니다. 텃밭에서라면 물론 더욱 좋겠지요. 퇴비더미나 퇴비자루가 비를 맞지만 않게 관리하면 됩니다. 퇴비양이 많아지면 일부는 덜어 수분조절제로 쓰고 나머지는 화분이나 텃밭에 쓰면 됩니다.

지금까지 퇴비 이야기를 하다 보니 퇴비를 위한 퇴비처럼 들릴지도 모르겠습니다. 퇴비는 퇴비 자체로서 중요한 것이 아니라 바로 작물을 키우기 위해 필요한 것입니다. 그러니까 우리 친구들이 퇴비를 만들어놓고 검은 황금이라며 끌어안고만 있으면 아무 의미가 없겠지요? 퇴비가 진짜 검은 황금 노릇을 하려면 퇴비를 이용해서 방울토마토 하나라도 정성껏 키워보는 것이 더욱 중요합니다.

여러분이 만든 퇴비로 키운 상추나 고추, 방울토마토를 생각하면 입 안에 절로 침이 고이지 않나요? 음식물 쓰레기가 다시 맛있고 영양가 있는 채소로 바뀌는 일은 그 자체만으로도 기적 같은 일이랍니다. 퇴비 만들기 하나로 여러분은 기적을 체험할 수 있는 셈이죠. 지금 당장 실천해보세요. 하지만 퇴비를 만들겠다고 일부러 밥을 남기지는 마세요. 엄마에게 부탁하면 요리에 사용하고 남은 재료들을 얼마든지 사용할 수 있을 테니까요.

퇴비를 어떻게 쓸까?

여러분이 야외에 나갔을 때 흙에 손을 대면 부모님은 어떤 반응을 보이시나요? 아마도 당장 손 씻을 곳부터 찾아다니겠지요. 화장실이 없으면 물티슈라도 찾아서 우리 친구들의 손을 깨끗하게 닦아주려고 노력하실 겁니다. 부모님은 도대체 왜 그렇게 손에 흙이 묻는 데 신경을 쓰실까요? 아마도 흙 속에는 기생충 알과 병원균이 득실거린다고 생각하시는 모양입니다. 기생충은 우리 몸의 영양분을 빼앗아 가고 병을 일으킬 수 있습니다. 하지만 과연 흙 속에 있는 기생충 알이 두려워 자연을 멀리할 만큼 그렇게 위생관념이 중요할까요?

기생충에 감염되면 우리 몸은 다양한 종류의 면역 물질을 생성하여 기생충과 맞서 싸웁니다. 그러나 면역 반응이 심하게 일어나면 기생충으로 입는 피해보다 면역 반응에 의해 우리 몸이 입는 피해가 더 커지게 됩니다. 이를 방지하기 위해 면역 반응을 억제하는 물질이 생성되기도 합니다. 그래서 장내 기생충에 감염된 사람들은 전반적으로 면역 반응이 어느 정도 억제되게 마련이지요. 이렇게 기생충의 면역 조절 기능이 밝혀지면서 학자들은 아토피질환과 기생충 간의 연관성을 생각했습니다.

아토피 피부염은 대표적인 알레르기 질환으로 외부 자극에 대해 우리 인체가 과도한 면역 반응을 일으켜서 발생하는 증상입니다. 그런데 아토피 질환이 증가하기 시작한 시점과 구충사업에 의해 장내 기생충이 사라진 시점이 교묘히 겹쳐 있답니다. "이런 현상이 단순한 우연일까, 아니면 무슨 관련이 있는 것일까?" 하는 의문점에 바탕을 두고 탄생한 이론이 바로 '위생가설(hygiene hypothesis)' 입니다. 주위 환경이 위생적이고 청결할수록 인간의 몸이 세균이나, 바이러스, 기생충 등 면역을 조절하는 물질에 노출되지 못해 면역력을 키워나갈 수 있는 힘을 잃어버리게 된다는 이론이죠. 실제로 기생충에 많이 감염된 나라에서는 알레르기 질환자의 수가 적다고 합니다.

기생충이 면역 반응을 억제하여 아토피 질환의 발생을 낮추는 데 도움이 된다고 해서 기생충 감염이 우리 몸에 이로운 일이라고 말하는 것은 절대 아닙니다. '위생가설' 또한 어디까지나 가설에 불과합니다. 하지만 도시화가 진행되면서 우리가 '자연 상태는 위생적이

지 못하다'는 편견을 가지고 있는 것은 아닐까 한번쯤 생각해보아야 할 것입니다. 흙을 멀리하는, 온통 콘크리트로 뒤덮인 환경 속에서 오히려 우리나라의 아토피, 비염, 천식환자가 폭발적으로 증가했으니까요.

흙은 생명의 어머니입니다. 식물만 흙의 품에서 자라는 것이 아니라 우리 몸도 흙을 필요로 합니다. 우리 몸은 식물과 마찬가지로 흙속의 좋은 미생물과 교류하기를 원합니다. 인간은 자연과 분리되어 존재할 수 없습니다. 그 사실을 깨닫고 자연과 교감할 때 정신적으로든 신체적으로든 건강한 삶을 유지할 수 있습니다. 퇴비를 만들고 작물을 재배하는 일은 풍성한 생태계를 경험하는 멋진 기회를 제공합니다. 여러분은 퇴비를 만드는 방법을 배우면서 순환하는 자연계에 한 걸음 더 가까이 다가갔습니다. 그럼 이제 그 퇴비를 어떻게 사용할 것인지에 대해 알아야겠지요? 퇴비를 이용해 작물을 재배하려면 퇴비가 들어갈 흙이 먼저 필요하겠지요.

퇴비와 흙에도 궁합이 있다!

우리 친구들이 보기에 흙은 다 같은 흙으로 보일 것입니다. 하지만 흙에도 특성이 있습니다. 흙을 이루는 고체는 모래, 미사, 점토로 구분합니다. 흙을 구성하는 성분 중 모래와 미사, 점토의 비율에 따라 흙의 토성이 정해지는데 모래가 많은 땅은 '사토', 점토가 많은 땅은 '식토', 비율이 알맞은 땅은 '양토'라고 부릅니다. 흙의 성질(토성)을 아는 것은 굉장히 중요합니다. 흙의 성질에 따라 퇴비를 주는 양이나 종류가 달라질 뿐 아니라 재배하는 작물도 결정할 수 있기 때문이죠.

모래가 많은 흙은 모래 사이로 물과 양분이 금방 빠져나가므로 작물이 살기 어렵습니다. 이런 땅에는 완숙 퇴비를 주는 것보다 오히려 분해가 덜 된 미부숙 퇴비를 주는 편이 좋습니다. 미부숙 유기물을 주면 유기물이 땅속에서 분해되며 미생물이 만들어낸 점액

떼알구조가 형성된 좋은 흙은 토양 자체에 미생물이 풍부하고 공기도 잘 통한다

질이 모래 입자를 뭉쳐서 물과 양분을 잡을 수 있는 기운을 줍니다. 그래서 모래땅을 가꾸려면 질소질이 풍부한 유기물을 많이 주고, 수시로 물을 뿌려 미생물이 많아지게 해야 합니다. 작물도 가뭄에 견디는 힘이 세고 뿌리가 깊게 뻗는 종류로 선택해야 수확을 기대할 수 있습니다.

반대로 점토가 많은 땅은 물과 양분을 오래 동안 간직할 수 있지만 공기가 드나드는 길목이 좁아 산소가 부족해지기 쉽습니다. 비라도 한번 오면 물이 빠지지 않아 다음날에도 신발이 푹푹 빠지는 밭이 있습니다. 이런 밭에 부숙이 덜 된 유기물을 주면 산소가 부족하니 혐기성 미생물이 번성하여 가스가 발생하고 작물에 해를 끼칩니다. 점토가 많은 땅은 그래서 잘 부숙된 완숙 퇴비를 써야 합니다. 점토가 많은 토양에 완숙 퇴비를 써서 흙이 숨을 쉴 길을 제대로 터놓으면 양분을 조금만 주어도 흙 자체가 양분을 저장할 수 있는 능력이 커서 작물이 잘 자라는 옥토가 됩니다.

퇴비의 특성 파악

작물이 잘 되는 옥토는 양분을 지속적으로 공급해주고 작물의 뿌리가 기능을 발휘할 수 있도록 적절한 산소와 수분을 공급해줍니다. 이런 좋은 흙을 만드는 최고의 방법은 잘 부숙된 퇴비를 사용하는 겁니다. 부식질이 많은 흙은 물과 공기, 양분을 품고 있다가 작물이 필요할 때마다 공급합니다.

퇴비는 만드는 방법에 따라 부식질이 많기도 하고 양분이 많기도 합니다. 부식질이 많은 퇴비는 흙에 공기를 잘 통하게 하고, 물과 양분을 간직할 수 있는 힘을 주지만 식물에 양분을 공급하는 비료 역할은 하기가 어렵습니다. 산의 부엽토는 낙엽이 오랜 기간에 걸쳐 달팽이, 지렁이, 쥐며느리, 노래기 등과 같은 미소동물에게 먹히고 미생물에 분해되어 만들어진 부식질입니다. 낙엽은 잎 속의 양분을 최대한 나무에게 전달하고 탄소만 가득한 상태로 떨어지기 때문에 분해가 어려워 부엽토가 되는 데 오랜 시간이 걸립니다. 이렇게 만들어진 부엽토는 흙을 부드럽게 하여 공기를 잘 통하게 하고, 비가 오면 빗물을 머금어 식물에게 오랫동안 수분을 공급합니다. 그렇다고 산의 부엽토를 가져와 화분에 담고 상추 모종을 심으면 상추가 잘 자랄까요? 아마도 상추가 자라는 모습을 보면 실망스러울 겁니다. 공부한 대로 부식질이 풍부한 좋은 흙을 썼는데 어찌된 일일까요? 부식질은 물과 양분을 담는 그릇 역할을 할 뿐 자체적으로는 양분이 많지 않아 작물이 생장하는 데 기본이 되는 질소질을 공급할 수 없습니다. 부엽토에 질소질을 보충해주지 않으면 작물이 제대로 성장할 수 없습니다.

퇴비는 만드는 원료와 방법에 따라 토양에 양분을 공급하는 역할이 크기도 하고 토양을 숨 쉬게 하는 역할을 하기도 합니다. 일반적으로 많이 팔리는 퇴비는 닭똥이나 돼지 똥을 톱밥과 섞어 부숙시킨 것으로 양분적 가치도 있고, 토양의 물리성도 개선해줍니다. 냄새가 나지 않을 정도로 잘 부숙시킨 가축분 퇴비는 그래서 농부에게는 보약이나 다름없습니다. 그렇다면 우리가 만든 음식물 퇴비는 어떨까요? 남은 음식물은 탄소 대 질소의 비율이 적당하고, 각종 재료가 잘 혼합되어 있어 양분적 측면에서도 훌륭하고, 토양을 숨 쉬게 하기에도 적당합니다. 지금 우리는 아주 좋은 퇴비를 가지고 있습니다. 이렇게 좋은 퇴비를 이용해서 만든 흙은 식물이 필요한 것을 담는 그릇이 되어줄 것입니다.

색 가든(sack garden)

2011년, 아시아에서는 처음으로 우리나라에서 세계유기농업대회가 열렸습니다. 이 대회는 세계의 유기농업인들이 3년에 한 번씩 모여 최근 유기농업 분야의 연구 결과를 공유하고 토론하는 장입니다. 농촌진흥청은 이를 계기로 세계유기농운동연맹(IFOAM)과 함께 세계 최고 수준의 유기농업 연구 성과를 발굴하고, 유기농업을 장려하기 위해 유기농 분야 학술상인 국제유기농기술혁신상인 '오피아상(Organic Farming Innovation Award)'을 제정했습니다. 오피아상은 환경 보전, 농생태계 보호, 생물다양성 증진, 전통농업 지식과 문화 보전 등 세계유기농업 발전을 위해 꾸준히 연구하고 실천하여 성과가 있는 사람을 대상자로 선정합니다.

2011년 9월 국내에서 열린 세계유기농대회에서 방글라데시의 호사인(Hossain) 박사가 1회 수상자로 발표되었습니다. 방글라데시는 기후 변화로 바닷물의 온도가 올라 부피가 팽창하면서 해수면이 상승했기 때문에 대부분 해안 지역이 바다에 잠기고 있습니다. 소금물이 스며들어 해안가 대부분의 경작지도 작물 재배가 불가능한 불모의 땅으로 변하고 있지요. 이 때문에 채소를 재배할 땅과 물이 없어 많은 사람들이 영양실조에 시달리고 있습니다. 방글라데시 국민의 1인당 채소 소비량은 우리나라의 1/10에 불과하다고 합니다. 호사인 박사는 부족한 채소를 재배할 수 있는 방법으로 '색 가든' 방법을 개발하여 활발히 보급한 공로를 인정받아 이 상을 받게 되었습니다.

색 가든을 만드는 방법은 간단합니다. 오른쪽의 그림처럼 마대자루 가운데 파이프를 세우고 2~4cm 직경의 자갈을 넣은 후 흙과 퇴비, 낙엽, 재를 20:10:2:1의 비율로 섞어 토양을 마대 가득 채웁니다. 그 후 파이프를 빼내면 작물을 심을 가든이 완성됩니다. 자갈은 마대자루 바닥까지 물이 잘 통하도록 물길을 내는 용도로 씁니다. 이렇게 만든 작은 가든에는 어떤 채소든 다 잘 자랍니다. 그러

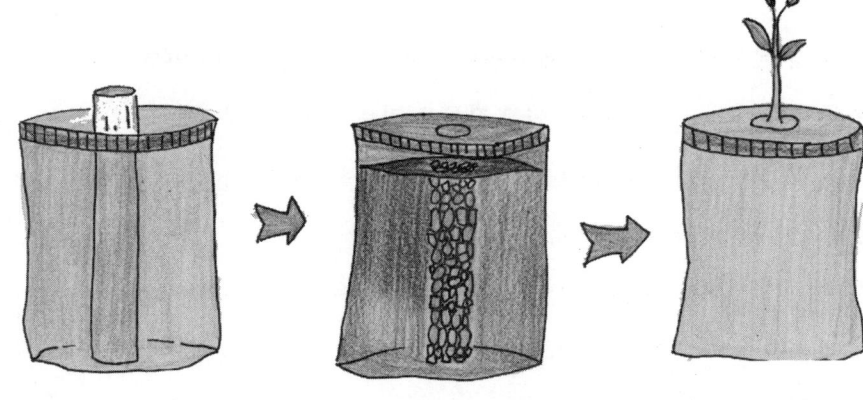

마대자루 가운데 파이프를 세우고
2~4cm 직경의 자갈을 넣는다
그리고 마대 자루에 흙을 가득 채운다

파이프를 뺀다.

식물을 심는다

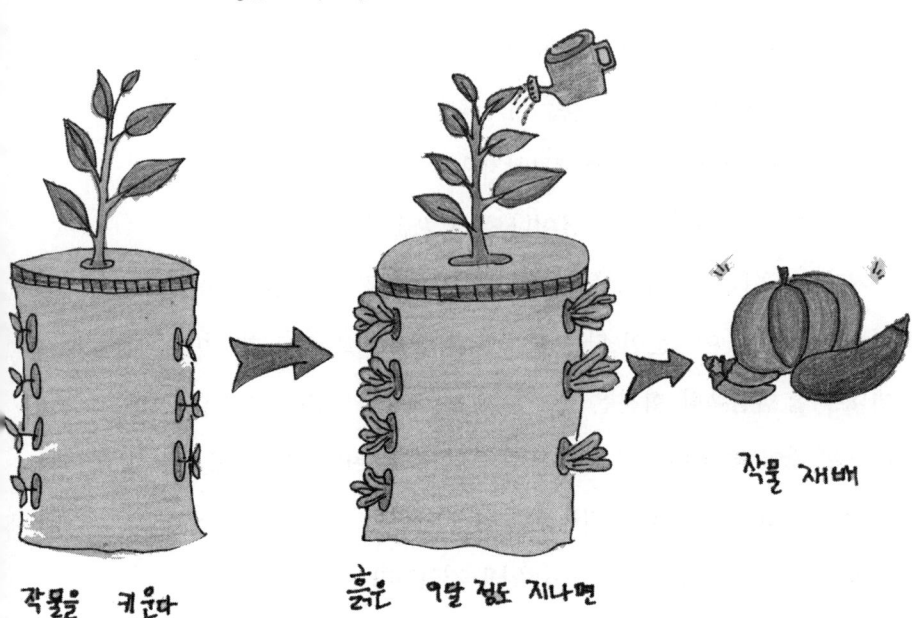

작물을 키운다

흙은 9달 정도 지나면
갈아주어야 한다

작물 재배

마대자루를 이용한 색 가든(sack garden) 만들기나 이런 색 가든도 9개월 후에는 흙을 갈아줘야 합니다. 퇴비 양분이 작물에 모두 사용되어 더 이상 작물을 키우기 어렵기 때문이죠. 이 흙은 퇴비장에 수분조절제로 다시 붓고 생유기물을 섞어 퇴비 만들기에 활용하면 좋습니다.

쌤은 최근 세계유기농운동연맹(IFOAM)에서 주관하는 유기농 지도 전문가 코치 과정에 참여하며 호사인 박사를 직접 만났습니다. 그 자리에서 호사인 박사님께 우리나라 청소년들에게 손쉽게 작물을 재배해볼 수 있는 방법으로 색 가든을 소개하면서 어떨까 문의하자 무척 좋아하셨답니다. 사실 쌤도 색 가든에 대해 알기 전 남은 음식물 퇴비와 야산 흙을 섞어 비슷한 실험을 해본 적이 있습니다. 점토질이 많은 붉은 산 흙을 퍼와 직접 만든 퇴비와 섞어 화분에 담고 다양한 작물을 재배해보았지요. 야산 흙과 퇴비의 비율이 2내지 3대 1 정도면 어떤 작물이나 잘 자랐습니다.

여러분도 이렇게 직접 만든 퇴비로 화분에서 작물을 재배해볼 수 있습니다. 흙과 여러분이 만든 퇴비를 2~3:1로 잘 섞고 화분이나 마대에 잘 담습니다. 화분은 클수록 작물 뿌리가 뻗을 공간이 넓고 양분이 많아 좋습니다. 물을 충분히 주고 씨를 뿌리거나 모종을 심고 흙이 촉촉할 정도로 관리해주면 상추를 심든 고추를 심든 깜짝 놀랄 정도로 잘 자라는 걸 볼 수 있을 것입니다.

푸른색 야채를 먹지 못해서 급식 시간에 애를 먹는 친구들 혹시

색가든을 활용한 작물재배

없나요? 식탁에서 호박이나 오이를 골라내다 부모님께 혼이 난 경험 없어요? 혹시 그런 친구들이 있다면 특히 색 가든을 추천합니다. 우리 친구들이 직접 퇴비를 만들고 그 퇴비로 영양가 높은 흙을 만들어 야채를 재배한다고 생각해보세요. 우리 친구들은 호박이나 오이를 따는 기쁨을 맛보고 감사하는 마음으로 그것들을 먹을 수 있을 것입니다. 퇴비 만들기는 그렇게 우리 친구들을 자연과 가깝게 만들어주고 나쁜 편식 습관까지 고칠 수 있게 해주는 멋진 일입니다.

생긴 대로 건강하게

우리는 퇴비를 만들며 식물과 미생물, 미생물과 사람이 서로 소통하며 살아가야 할 네트워크의 대상이라는 것을 알았습니다. 이번에는 한 발 더 나가 식물과 사람에 대해 살펴보겠습니다. 2001년 프랜시스 쿠오(Frances E. Kuo) 박사팀은 미국 시카고 지역에서 녹지대와 범죄의 상관관계를 조사한 연구결과를 발표했습니다. 그들은 주변에 식물이 많이 심겨 있는 건물에서 발생하는 폭력과 범죄가 그렇지 않은 건물에 비해 훨씬 낮다는 것을 밝혀냈습니다. 이 연구 결과는 녹지가 없는 황량함이 인간의 폭력성과 공격성을 얼마나 증가시키는지 분명하게 보여준 사례로 널리 언급되고 있습니다.

2007년 농촌진흥청 원예연구소에서 실시한 연구도 재미있습니다. 스트레스를 받으면 혈중에 '코르티솔'이라는 호르몬의 농도가 증가합니다. 전기 자극을 가해 코르티솔 농도가 증가한 쥐를 두 그룹으로 나눠 한쪽 우리에는 백합을 꽂아두고 한쪽 우리에는 꽃을 꽂지 않았습니다. 1시간이 지나서 조사해보니, 백합을 꽂아둔 우리 속 쥐의 코르티솔 농도는 평상시 수준으로 돌아왔지만 꽃이 없었던 우리의 쥐는 여전히 코르티솔 농도가 높았습니다.

원예연구소 김광진 박사팀은 초등학생을 대상으로도 비슷한 실험을 실시했습니다. 초등학교 4학년생 60명을 두 반으로 나눠 한 교실에는 학생들 책상에 백합을 꽂아두고, 다른 교실에는 꽃이 없이 수학 시험을 치르게 한 것이죠. 꽃이 없는 교실에서 시험을 본 학생이 백합이 꽂혀 있는 교실에서 시험을 본 학생에 비해 스트레스 호르몬이 무려 2.5배나 증가했다고 합니다. 꽃향기가 시험 스트레스를 완화해준 것이죠.

사람이 식물에서 심리적 안정을 찾듯 지구상의 모든 생물은 눈에 보이든 보이지 않든 서로 긴밀하게 의존하는 거대한 시스템의 일부입니다. 그 시스템을 우리는 '생태계'라고 부릅니다. 이러한 생태계가 안정적으로 유지되기 위해 가장 중요한 조건은 '생물다양성(Biodiversity)'을 지키는 일입니다. 생물다양성은 여러 가지 의미로 해석될 수 있지만 지구상의 생물이 갖는 유전자, 개체군, 종, 군집 그리고 이러한 생물의 조합에서 나타나는 다양성을 말하는 것으로 이해하면 될 것입니다.

이화여대 최재천 교수는 동식물이 멸종하는 것을 나무토막을 쌓아 빼내는 보드게임인 '젠가'에 비유합니다. "젠가를 할 때 어느 위치에 있는 나무를 뺐을 때 전체가 무너질지 알 수 없다. 쉬리와 같은 물고기 한 종이 없어져도 그 종으로 인해 전체 생태계가 무너질지 아무도 알 수 없는 일"이라며 무서운 경고를 보냅니다.

생물다양성의 분야는 대단히 광범위합니다. 하지만 우리 친구들과 쌤은 지금까지 퇴비 만들기와 퇴비를 이용한 작물 가꾸기에 대해 이야기해왔습니다. 따라서 생물다양성도 농업 분야에 초점을 맞추어 유기농업이 생물다양성에 어떤 방식으로 기여하는가를 알아보겠습니다.

유기농업과 생물다양성

쌤은 해마다 집 앞 마당에 조그맣게 텃밭 농사를 짓습니다. 일을 끝내고 들어와 급히 저녁을 준비하다 보면 텃밭에 심어놓은 상추, 고추, 아욱, 근대, 호박, 오이만 갖고도 소박한 밥상을 준비하기 쉽습니다. 어떤 날은 어린 상추를 뜯어 겉절이를 무치고, 다음 날은 고추를 몇 개 따서 고추장에 찍어 먹게 내놓습니다. 아욱 된장국도 끓이고 호박잎도 쪄서 먹습니다. 한두 가지 반찬만 갖고도 부러울 것이 없는 식탁이 됩니다.

시간이 날 때면 텃밭에 앉아 열무나 상추가 커가는 모습을 들여

다봅니다. 그러면 우리처럼 열무와 배추를 좋아하는 북방비단노린재, 벼룩잎벌레, 청벌레, 메뚜기, 진딧물 등 정말 다양한 생물을 만나게 됩니다. 한 해는 싹이 막 트기 시작한 배추와 열무에 벼룩잎벌레가 달려들어 남김없이 먹어치우기도 하고, 다른 해는 파밤나방이 고추마다 구멍을 내놓기도 합니다.

그렇지만 다양한 작물을 심다 보니 남겨진 것만 갖고도 행복해집니다. 또 어떻게 하면 자연적으로 해충을 줄일 수 있는지도 조금씩 터득해가고 있습니다. 같은 자리에 배추를 연거푸 심지 않거나 고랑 사이사이에 들깨를 심어 해충이 싫어하는 향을 풍길 수도 있습니다. 완전하지는 않지만 잘 완숙된 퇴비를 쓰는 것만으로도 해충 구제에 도움이 됩니다.

유기농업이 포유동물에서 미생물에 이르기까지 먹이사슬의 모든 단계에서 생물다양성을 증가시킨다는 것은 이미 잘 알려진 사실입니다. 농약과 화학비료를 사용하지 않는 유기농업은 관행농업에 비해 모든 생물종을 평균 30% 정도 증가시킨다는 연구결과가 있습니다.

캐나다 마니토바 대학의 마틴 엔츠(Martin Entz) 박사는 2004년 유럽, 캐나다, 뉴질랜드 그리고 미국의 연구자들이 수행한 76개의 연구들을 분석한 결과를 발표했습니다. 이 연구결과에서 유기농업은 다양한 작물을 재배하며 가축 사육을 함께함으로써 생물다양성에 도움을 주는 것으로 나타났습니다. 댕기물떼새는 봄에 심는 작물에 둥지를 틀지만 새끼들이 알을 깨고 나오면 초지로 옮겨와 어린 새끼들을 기릅니다.

1960년대 이래 관행농업이 일반화되며 잉글랜드와 웨일즈 지방의 댕기물떼새 개체군이 80% 감소하여 큰 비난에 휩싸였는데 유기농업이 이런 문제를 해결할 수 있다는 것을 보여주었습니다. 영국에서 수행된 연구 중 하나는 유기농이 박쥐들에게도 혜택을 준다고 지적합니다. 박쥐의 먹이 정찰 활동이 관행농에 비해 유기농지에서 84% 증가하였고, 두 종류의 박쥐는 유기농장에서만 발견되었습니다. 지렁이는 유기농업 토양에서 늘어나는 대표적인 생물입니다. 지렁이 밀도를 조사한 6개의 연구 모두 유기농지에서 지렁이가 훨씬 많았다고 보고하고 있습니다.

유기농업이 개구리의 멸종 시기를 늦출 수 있을까?

개구리는 오랫동안 지구상에 존재한 개체입니다. 공룡이 출현하고 멸종하는 것도 지켜보았죠. 그러나 오늘날 전 세계 양서류의 1/3 이상이 멸종위기에 처해 있습니다. 왜 그럴까요? 다양한 이유가 있겠지만 사람이 미치는 영향도 무시하지 못할 겁니다. 미국 캘리포니아 대학 버클리 캠퍼스의 타이론 헤이즈 교수팀은 미국에서만 연간 3만6천여 톤이 소모될 정도로 널리 쓰이는 제초제 '아트라진'에 주목했습니다. 아트라진은 주로 옥수수재배를 위해 봄에 사용됩니다. 이 시기에 연못과 개울에는 개구리들이 헤엄치고 올챙이가 알에서 깨어납니다. 이들은 농지에서 유입된 아트라진에 그대로 노출될 수밖에 없습니다.

연구팀은 아프리카발톱개구리의 올챙이 수컷을 아트라진이 포함되지 않은 물과 아트라진이 0.01ppb ~ 25ppb까지 포함된 물에서 길렀습니다. 미연방환경보호국(U.S. Environmental Protection Agency)은 아트라진이 환경에 유출되어도 20ppb까지는 안전하다고 간주합니다. 연구결과는 다소 충격적이었습니다. 0.1ppb 만큼 낮은 농도의 아트라진도 올챙이 발생에 큰 영향을 주어 수컷 일부가 암컷의 특징을 보였습니다. 개구리 수컷 일부는 짝짓기 울음에 사용하는 발성기관이 정상보다 작았고, 암컷 생식기관이 발생하였으며 심지어 알이 정소에서 자라고 있는 것도 발견되었습니다.

연구팀은 캘리포니아 곳곳을 돌며 연못 내 아트라진 농도와 이 연못에서 채집한 개구리 수컷의 생식기 이상을 비교해보기도 했습니다. 예상한 대로 아트라진 농도가 높은 곳에서 비정상적인 생식기관을 가진 수컷의 비율이 높았습니다. 타이론 헤이즈 교수는 개구리 피부를 통해 아트라진이 흡수되면 남성호르몬인 테스토스테론을 여성호르몬인 에스트로겐으로 전환시키는 효소를 만들어내어

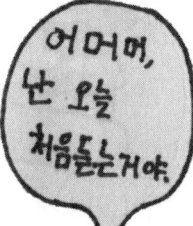

어머머,
난 오늘
처음듣는거야.

이보게들,
그 소식 들었어?
요즈음 아트라진
이라는 제초제로
인해 수컷 개구리가
이상해지고 있대!

개구리 몸에 잘못된 신호를 마구 보낼 가능성이 있다고 말합니다.

옥수수를 많이 얻기 위해 잡초가 자라지 못하도록 밭에 뿌리는 제초제가 잡초를 없앨 뿐 아니라 개구리를 위협하고 있습니다. 기존 농업이 화학비료와 농약에 의존하여 생산성만을 목표로 삼았다면 유기농업은 생물다양성에 대한 존중을 기반으로 하는 농업이라 할 수 있습니다. 자연에 해를 줄 수 있는 농약이나 비료와 같은 화학물질을 사용하지 않고 농장에서 생산된 자원을 농토에 돌려보내 토양을 비옥하게 하고 작물을 길러냅니다.

유기농업은 단순히 먹을거리를 생산하기 위한 수단이 아니라 사람이 생태계의 일원으로 자연을 해하지 않고 어울려 살아가려는 삶의 방식이라 말할 수 있습니다. 옥수수를 얻기 위해 개구리를 희생하지 않겠다는 철학이 바로 유기농업의 정신입니다. 생산성만을 강조하면서 화학비료와 농약을 무차별적으로 계속 사용하면 언젠가는 개구리가 다 사라지고, 물고기가 다 사라지고, 벌이 사라지고…… 그러다가 어느 순간 우리 인간들도 사라지게 될 것입니다.

유기농업은 인간과 자연이 공존하는 삶의 방식

관행농업의 방식으로 과거에 반만 년 이어온 농업의 역사를 앞으로도 몇 백 년, 몇 천 년 계속할 수 있으리라 생각하는 사람은 별로 없을 겁니다. 때문에 많은 사람들이 다양한 방법으로 해결책을 찾고 있고 그 대안의 하나로 과거의 지혜를 받아들여 유기농업을 우리가 추구해야 할 삶의 방식으로 삼자고 말합니다.

국제유기농운동연맹(IFOAM)은 이런 의미에서 유기농업을 통해 전 지구가 얻고자 하는 4대 원칙으로 '건강, 생태, 공정, 배려'를 제시합니다. 유기농업은 자연과 더불어 건강하게 살고자 하는 철학이자 삶의 형태로 사람과 사람이 속한 생태계, 즉 지구 모두의 건강함을 추구합니다. 또한 자연과 사람을 잇는 순환 고리로서 역할을 합니다. 화학비료를 사용하는 대신 토양에 양분을 주고, 미생물을 활성화시킬 수 있는 방법으로 풀을 심습니다. 또 농업에서 발생하는 모든 동식물성 부산물로 퇴비를 만들고, 천적을 쓰는 등 생태계의 다양성을 적극 활용하여 지속가능성을 유지합니다.

지금의 농업 방식은 지구가 수억 년간 축적해온 화석에너지를 순식간에 고갈하고, 환경을 파괴하여 이를 이어받을 다음 세대에게 부담을 안기고 있습니다. 유기농업은 과거의 오랜 실천적 경험과 지혜, 지역에 맞는 농업 방식을 다음 세대로 이어주고자 하는 배려입니다.

어느 날인가는 학교에서 돌아온 아이가 저녁을 먹다 학교 급식 이야기를 꺼냈습니다. 밥에서 쌀벌레가 나와 한 아이가 밥을 버리자 많은 아이들이 더럽다며 그 아이를 따라 같이 밥을 버렸다는 것

입니다. 많은 학생들이 상추를 먹다가 진딧물 한 마리만 나와도 기겁을 하며 소리를 지릅니다. 그래서 상추를 판매하는 유통 상인은 상추 재배 농가들이 상추가 가득 담긴 박스를 가져오면 그중 두세 잎을 손 위에 얹고 탁탁 털어봅니다. 진딧물이라도 한 마리 나오면 값을 제대로 쳐주지 않습니다.

상추 재배 농가는 조그만 벌레도 생기지 않도록 농약을 쳐야 소득을 올릴 수 있습니다. 우리는 지금 농약으로 키워 벌레 먹은 데 하나 없이 크고 깨끗한 작물에 길이 들었습니다. 그 때문인지 유엔식량농업기구(FAO)가 집계한 경제협력개발기구(OECD) 국가의 연평균 농약 사용량과 비교하면 우리나라의 농약 사용량은 ha당 12~13kg 수준으로 29개국 가운데 단연 1위입니다(2008년 기준. 2010년 칠레, 슬로베니아, 이스라엘, 에스토니아가 추가되면서 34개국으로 늘어남). 이렇게 농약을 많이 사용한다고 농민을 나무랄 수는 없습니다. 여러분과 우리 모두가 바란 일이니까요.

그러나 이러한 방식이 환경을 파괴하고, 우리 땅을 황폐화시켜 결국 언젠가는 우리가 그 대가를 받을 수밖에 없습니다. 그러기 전에 삶의 방식을 조금씩 바꿔가기를 바라며 쌤은 여러분이 먹을거리를 직접 키워볼 것을 권합니다.

조그만 화분이라도 좋으니 흙을 담고, 씨를 뿌리고, 물을 주며 돌보세요. 어느 순간 싹이 터서 자라는 모습을 보면 신기할 겁니다.

잘 키우고 싶은 욕심도 생길 거고요. 상추에 낀 진딧물을 발견하고, 칠성무당벌레가 진딧물을 잡아먹는 장면을 목격할지도 모릅니다. 마음에 맞는 친구들과 텃밭 가꾸는 동아리를 만들어 농부가 되어볼 수도 있겠지요?

쌤은 여러분 같은 청소년들이 한번쯤은 꼭 자기 손으로 작물을 길러보아야 한다고 생각합니다. 그래야 벌레도 실상 우리와 똑같이 맛있는 배추를 먹고 싶어 하는 동지임을 알 수 있고, 조금 나눠주더라도 남는 것이 있다는 것도 알게 되니까요. 농약을 써서 무조건 다 없애고, 나만 먹자는 생각도 버릴 수 있고요.

그동안 여러분은 퇴비를 만들고, 색 가든에 작물을 심는 방법에 대해 읽으면서 단순히 화단 가꾸기 정도의 일로 여겼을지도 모릅니다. 하지만 우리가 지금까지 공부해온 것은 여러분이 생각한 것보다 훨씬 의미 있는 일입니다.

환경 공부를 하면서 지구를 지킬 수 있는 방법으로 여러분이 생각하는 것은 가까운 거리 걸어 다니기, 세제 적게 쓰기, 전기콘센트 뽑기 등일 겁니다. 여기서 그치지 말고 여러분이 퇴비를 만들고 작물을 키우며 유기농업을 경험해본다면 세상에 대해 훨씬 큰 배려를 할 수 있습니다. 여러분이 직접 농사를 짓는 것은 지구의 생명다양성을 지켜나가는 첫 걸음일 수 있으니까요.

얼마 전 영국의 동물학자이자 침팬지의 어머니 제인 구달 박사가 우리나라 '생물다양성재단' 창립을 지원하고자 방한했습니다. 제인 구달 박사는 젊은 나이에 탄자니아에 홀로 들어가 자연 상태의 침팬지를 연구하며 인간이 자연을 이해하는 폭을 크게 넓힌 분입니다. 그녀는 아프리카에서 연구하는 동안 200만 마리에 달하던 아프리카 침팬지가 반세기 만에 15만 마리로 급감하는 것을 보면서 환경운동에 뛰어들었고 현재 여든이 가까운 나이에도 1년에 300일 이상 전 세계를 돌면서 환경운동에 헌신하고 있습니다.

구달 박사는 유한한 자원을 두고 무한히 얻어내려는 욕심은 언젠가 무너질 수밖에 없으며 지구는 인간의 필요는 충족시켜도 탐욕은 충족시키지 못한다고 강조합니다. "우리의 삶 하나하나는 지구에 영향을 미친다. 어떤 영향을 미칠지 선택권은 우리에게 있다!" 퇴비를 만들고 작물을 키워본 여러분이라면 구달 박사님의 말씀에 씩씩하게 대답할 수 있을 겁니다. "저는 좋은 삶, 건강한 삶, 다양성을 보존하는 삶을 선택했습니다"라고요.

때 알구조

3부 텃밭 작물재배에 나오는 '깻묵'은 전통 5일장이나 주변의 기름을 짜고 고추를 빻아주는 방앗간에 가면 구할 수 있습니다. 꼭 깻묵을 넣어야 하는 것은 아닙니다. 깻묵을 구할 수 있으면 넣고, 아니면 깻묵 무게 만큼의 유기질비료를 넣거나 깻묵 무게의 3배 정도 퇴비를 더 넣으면 됩니다. 깻묵을 꼭 구해야 한다는 부담감은 멀리 날려주기를 바랍니다.

3부

청소년 농부

텃밭을

시작하다

Ready
텃밭에 가기전에 꼭 알아야 할 것

작물별 심는 시기

내 손으로 짓는 텃밭 농사의 세계에 오신 여러분을 환영합니다! 텃밭 농사를 지을 때 어떤 작물을 재배하면 좋을까요? 이것저것 궁금한 게 많을 것 같아서 쌤이 먼저 몇 가지 작물을 골라보았어요. 어른들이 하는 주말농장이나 텃밭에서 많이 기르는 채소를 중심으로요.

일단 지역적인 차이 때문에 무작정 따라 하기 어려운 채소, 그리고 실습용으로 기르기에 조금 불편한 채소들은 제외했고요, 대신 무난하게 전국적으로 기를 수 있는 채소 22종을 선정했답니다. 하지만 마늘, 양파, 호박, 양배추, 갓, 유채, 근대 등의 채소는 '심는 시기' 표에는 포함시켰어요.

물론 꼭 해보고 싶다면 시중에서 구할 수 있는 모종이나 씨앗을 얻어 재배 시기를 참조해서 길러보면 되겠지요? 기를 때는 비슷한 채소의 재배 방법을 참고하면 됩니다. 예를 들어 양배추를 기르고 싶다면 배추와 비슷하게 길러보면 되고, 아욱은 시금치와 비슷하게 길러보면 되지요. (채소별 심는 시기는 370p를 참고하세요.)

종류	채소
배추과채소	열무, 무, 배추, 얼갈이, 양배추, 유채, 갓, 총각무, 청경채, 적겨자채, 적환무(20일 무)
잎줄기채소	상추, 쑥갓, 시금치, 근대, 아욱
열매채소	토마토, 가지, 고추, 오이, 호박, 옥수수
뿌리채소	당근, 감자, 고구마
양념채소	부추, 대파, 양파, 쪽파, 마늘

채소별 대표 작물

Set
농사를 시작하기 전에 꼭 알아야 할 것

우리는 좋은 농부, 텃밭 예절을 지키자

사회통념상 지키지 않으면 서로에게 불편한 일들이 생기는 것을 방지하기 위해 우리는 예절을 지킵니다. 채소를 기를 때도 최소한의 예의를 지켜야 좋은 텃밭 동료나 이웃이 될 수 있어요. 어떤 내용들이 여기에 속할지 한번 생각해볼까요? 같은 공간에 채소를 기르는데 누구는 옥수수를 엄청 좋아합니다. 그러면 그 사람은 당연히 자기 밭에 옥수수를 심겠지요. 자기가 좋아하는 옥수수를 많이 쪄 먹을 욕심에 아주 촘촘하게 심을지도 모릅니다. 그러면 이웃한 곳에서 자라는 키 작은 열무, 얼갈이, 상추, 쑥갓은 어떻게 될까요? 키큰 옥수수에 가려 햇빛을 제대로 받지 못하겠지요? 연약하게 자라고 성장도 제대로 못하게 되지요. 채소가 잘 자라려면 흙, 햇빛, 물이 있어야 되잖아요. 그런데 옥수수가 햇빛 받는 것을 방해하니까 아무래도 힘겹게 자라야 하겠지요.

어떤 종류의 채소를 심을까 고민할 때 우선 생각해야 할 점이 바로 "내가 심을 채소의 키가 어느 정도 되는가?" 하는 점이랍니다. 줄기를 뻗는 고구마, 호박, 수박, 참외도 이웃의 밭에서 자라는 채소에 어떤 영향을 줄지 꼼꼼하게 논의한 후에 심어야 하는 작물들이죠.

채소의 자라는 키		줄기를 뻗는 채소의 줄기 길이	
옥수수	250cm	호박	40~50m
토마토	200cm	수박	4m
들깨	150cm	참외	2m
토란	150cm	고구마	3m

채소의 키와 줄기 길이 비교

위의 표를 보세요. 채소별로 어느 정도 자랄 수 있는지 정리한 것입니다. 이것을 참고로 이웃 밭의 작물에 영향이 없도록 하면 좋겠습니다. 자신의 밭이라 하더라도 이 표를 참고하면 많은 도움이 됩니다. 키가 큰 들깨를 심은 이웃에 양배추나 고구마를 심는 모습을 자주 보게 되는데, 그러면 들깨 바로 이웃의 양배추는 포기도 덜 차고 자라는 내내 힘들답니다. 왜 그런지 살펴볼까요? 들깨 모종은 아주 작습니다. 다 자랐을 때의 모습을 상상하기 어려울 정도지요.

그래서 쌤도 처음에는 작은 들깨나 옥수수가 자라는 이웃에 뭔가를 자꾸 심게 되더라고요. 그나마 쌤이 직접 관리하는 밭이라서 다행이었지, 만일 양배추 주인과 들깨의 주인이 다르다면 심각한 문제가 발생할 수도 있었을 겁니다. 이웃에 영향이 덜 가는 채소를 심어서 서로 좋은 텃밭 이웃이 되는 길을 제대로 이해하고 출발하는 것이 좋겠지요?

텃밭이나 주말농장을 하는 목적은 유기농으로 기른 건강한 채소를 얻고 싶어 하기 때문입니다. 그런데 막상 채소를 직접 기르다 보면 벌레나 병이 찾아오게 마련입니다. 이럴 때 대처하는 방법은 좀 다를 수 있습니다. 어떤 사람은 벌레를 일일이 잡아내고, 어떤 사람은 종묘사에 들러 약을 구입하죠. 만일 채소에 뿌릴 약을 구해서 밭에 주는 경우라면 이웃밭에 해를 입히지 않도록 조심해야 합니다. 이웃밭에 좋은 일 한다면서 내가 뿌릴 때 이웃밭에도 뿌린다면 오해를 살 여지가 있거든요. 서로의 입장이 다르기 때문이지요.

비료의 경우도 마찬가지입니다. 우리밭 작물이 부실하다고 비료를 뿌리다 이웃밭에도 뿌리게 되는 경우가 생깁니다. 이런 사건이 발생하지 않도록 서로 주의를 기울인다면 여러분도 좋은 이웃과 함께 건강한 채소를 기를 수 있답니다. 내가 먼저 좋은 텃밭 이웃이 되는 것이 채소를 잘 기르는 첫걸음이라는 것, 여러분 모두 꼭 기억하기 바랍니다!

들깨에 눌린 브로콜리

토란과 들깨 사이의 고구마

씨앗이나 모종 구입하기

밭이 생기고 처음으로 씨앗을 구입하려면 어디를 가야 하는지 막막합니다. 쌤도 처음에는 씨앗을 어디서 구입해야 할지 몰라서 매우 당황했답니다. 씨앗뿐만 아니라 모종도 마찬가지죠. 요즈음에는 인터넷 검색을 통해서 많이 구입하는 편입니다. 검색어로 종묘사, 씨앗 판매 등을 입력하면 여러 곳의 인터넷 사이트가 올라옵니다. 그중에 내가 원하는 종류의 모종이나 씨앗이 있으면 다른 곳에도 들러서 가격을 비교해보고 저렴하고 배달이 신속하게 이루어지는 곳에서 구입하면 됩니다. 이렇게 구입하면 편리하게 집에서 받아볼 수 있는 장점이 있는 반면 직접 보고 선택하지 못한다는 아쉬움도 있습니다. 이럴 때는 내가 살고 있는 곳에서 가장 가까운 5일장에 나가보는 겁니다. 봄날 장 구경하는 재미도 쏠쏠합니다. 주변의 전통 5일장도 인터넷을 통해서 검색이 가능합니다. 공휴일이 장날이거나 하교 후 5일장을 둘러볼 수 있다면 아주 재미난 구경도 할 수 있습니다. 사람 사는 활기를 느낄 수 있고 대형마트에서 구경하지 못하는 재래식 도구, 호미, 모종, 씨앗 등등을 구경하는 행운도 누릴 수 있지요.

봄에는 가지, 고추, 토마토, 참외, 수박 등의 모종이 주를 이루고 가을에는 김장배추, 상추, 양파 등의 모종이 주를 이룹니다. 요사이 재래시장이 불황이라고들 하지요? 그런데 해마다 쌤이 들리는 유성의 5일장에서의 모종은 양적으로 해마다 두 배 정도 성장합니다. 쌤이 처음 텃밭을 할 때는 상상도 못 하던 모종들이 나오고 있습니다. 예전에는 희귀종이던 아스파라거스, 곰취, 산마늘, 스테비아 등의 모종도 쉽게 구경할 수 있게 되었지요. 아파트에서 살면서 주말 농장을 하거나 주변의 농지를 구입해서 작은 규모의 텃밭을 가꾸는 도시민들이 해마다 증가한다는 증거이지요.

종묘상에서 모종을 구할 때 처음에는 종묘상 규모가 큰 곳에서 구입하는 편이 좋습니다. 같은 씨앗이라도 이왕이면 가격을 비교해보고 여러 곳을 둘러본 후 구입하는 편이 좋겠지요? 그러다 몇 년 경험이 쌓이고 모종을 보는 안목이 생기면 편리한 곳에서 구입하면 됩니다. 특히, 종묘상 주인들 중에는 모종을 기르는 농장을 가지

봄의 유성 5일장 종묘상 풍경

여러 가지 모종들이 있는 모습

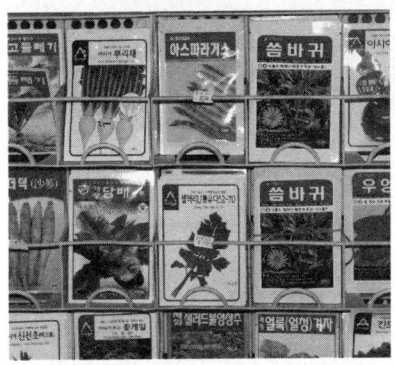

종묘상의 씨앗 진열대

가을배추 모종 판매하는 모습

고 계신 분들이 있습니다. 그런 분들이 권하는 모종은 안심할 수 있으므로 믿고 선택하면 됩니다. 좋은 모종 선택이 농사의 반이라는 생각으로 발품을 팔다 보면 전문가 수준의 안목이 생길 것입니다.

농기구 판매하는 가게

씨앗 관리

텃밭을 하시는 분들은 대개 "남은 씨앗을 어떻게 보관할까?" 하는 문제로 고민합니다. 씨앗이 남으면 보통 조밀하게 파종하기도 하고요. 하지만 나중에 솎아내는 작업이 어렵고 김매기도 어려워 골치를 썩게 되죠. 최근에 주말농장, 텃밭 등이 활성화되면서 작은 양의 씨앗을 여러 종류 모아서 판매하는 경우도 있습니다. 아직까지는 씨앗의 양이 좀 남는 정도로 포장되어 있지만요. 남은 씨앗도 보관만 잘하면 오래 사용할 수 있답니다. 남은 씨앗이나 밭에서 채종

한 씨앗은 아래처럼 관리하면 오래 이용할 수 있어요. 보통의 씨앗
은 냉장고에 넣어두면 3~4년 정도 문제없이 사용할 수 있거든요.

• 남은 씨앗은 봉지의 위를 말아 스테이플러로 2~3 군데 잘 봉합하여
  흔들어도 새지 않게 한다.
• 채종한 여러 가지 씨앗이나 주변에서 얻은 씨앗은 잘 말려서 수분 함
  유량이 적게 한 다음 봉지에 씨앗의 종류, 채종 연월일을 기입한다.
• 위의 봉지들을 밀폐 용기 혹은 작은 포장 박스에 가지런하게 담아 냉
  장고의 냉동실 또는 냉장실에 보관한다.

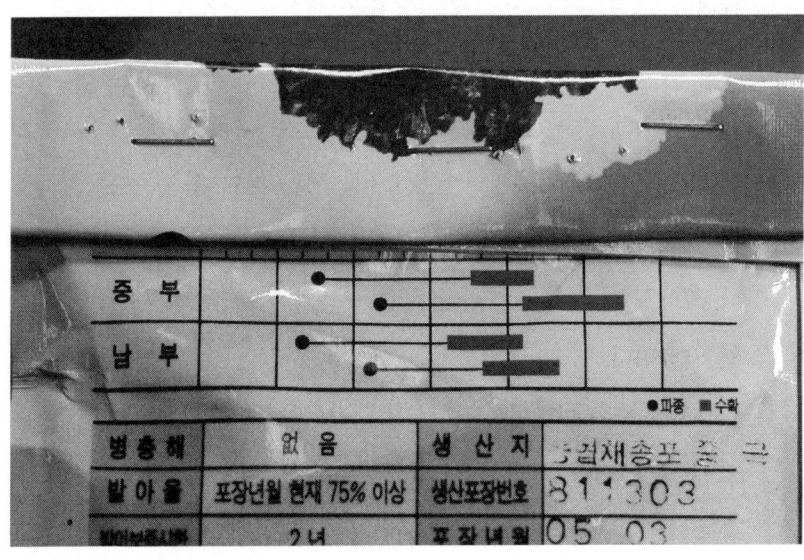

스테이플러로 새지 않게 잘 밀봉한다

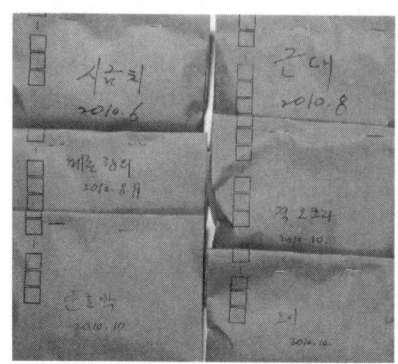
봉지에 종류와 채종일 기록

냉장고에 보관

씨앗을 오래도록 잘 보관하려면 냉장고의 냉동실이 좋습니다. 그런데 자주자주 덜어서 사용하는 씨앗은 냉장실에 보관하는 게 좋습니다. 그 이유는 온도, 습도가 높은 계절인 늦봄에서 초가을까지 냉동실에 있던 씨앗을 꺼내는 순간 주변의 습기가 달라붙어 물방울이 씨앗에 맺히게 되는 탓입니다. 그러면 상하게 되거든요. 냉동실에 보관한 씨앗은 꺼낸 후 한나절 정도 지난 후 뜯어서 씨앗을 꺼내고 다시 갈무리해서 냉동실에 넣어야 하는 번거로움이 있습니다. 그래서 자주 꺼내서 사용하는 보통의 씨앗은 냉장실에 보관하면 좋습니다.

하지만 모든 씨앗이 다 냉장고에 넣어둔다고 해서 오랜 기간 보관할 수 있는 것은 아닙니다. 씨앗의 종류에 따라 묵은 씨앗(1년이 지난 작년의 씨앗)은 발아가 잘 되지 않는 종류가 있습니다. 어떤 씨앗일까요? 보관이 되면 될수록 즉, 해를 거듭함에 따라 발아율이 떨어지는 대표적인 씨앗으로 강낭콩이 있습니다. 2년 지난 강낭콩의 발아율은 70% 정도이고, 3년이 지나면 거의 발아하지 못합니다. 그리고 들깨는 묵은 씨앗이 거의 발아하지 못합니다. 쌤도 냉장고에 잘 보관한 씨앗을 작년에 받은 들깨로 착각하고 파종했다가 1주일 후 싹이 전혀 안 보여 다시 파종한 적이 있답니다. 당근 씨앗도 기간이 지날수록 발아율이 떨어지는 종류입니다. 당근도 씨앗의 유효 기간을 잘 살펴본 후 파종해야 합니다.

텃밭, 주말농장의 농기구

처음 밭을 일구는 사람은 농사용 연장이 손에 맞지 않아 애를 많이 먹게 되지요. 호미만 하더라도 캘 때 사용하는 것, 풀을 맬 때 사용하는 것, 씨앗을 파종할 때 사용하는 것 등 용도별로 구분됩니다. 물론 한 종류를 가지고 다 할 수도 있지만 효율적이지 못하지요. 농기구를 잘못 다루면 다치게 됩니다. 특히, 낫은 잘 다루어야 합니다. 낫은 풀을 베어내거나 작물을 베어낼 때 사용하지요. 작업하다가 손이 다치지 않도록 주의를 요하는 도구입니다.

보통의 농기구들은 쇠붙이에 나무로 된 자루가 붙어 있습니다. 쇠붙이나 나무 모두 습기가 많은 곳에 두면 오래 사용하기 어렵게 됩니다. 그래서 농기구는 비를 맞지 않는 곳에 보관하는 것이 좋습니다. 실습장이나 부모님께서 하시는 텃밭에 농기구를 보관할 만한 장소가 없다면 어떻게 하면 될까요? 커다란 플라스틱 통을 하나 마련해서 사용한 농기구들을 넣어두면 됩니다. 특히, 플라스틱으로 된 물뿌리개는 강한 햇빛에 오래 놓아두면 상해서 부스러지게 되지요. 플라스틱으로 된 도구들은 햇빛이 들지 않는 곳에 보관하는 게 핵심입니다.

우스운 이야기처럼 들리겠지만 쌤이랑 텃밭을 같이 하시는 이웃의 아주머니께서 뚜껑이 없는 플라스틱 통을 엎어두고 그 안에다 호미며, 낫, 삽 등을 넣어두고 사용하셨답니다. 그런데 하루는 그 아주머니께서 놀라서 우리밭으로 달려오시더군요. 그러면서 플라스틱 통에 들어간 뱀을 만졌다고 하는 거예요. 얼마나 놀랐겠습니까? 텃밭 주변의 곤충, 쥐, 뱀 등이 비를 피해서 통을 엎어 둔 곳에 들어갈 수 있으니 각별히 주의해야 합니다. 반드시 뚜껑이 있는 통을 구해서 안에 농기구를 넣고 뚜껑을 잘 덮은 다음, 위에 벽돌이나 돌멩이를 올려두어 뚜껑이 날아가지 않게 주의해야 합니다.

오른쪽에 보이는 종류가 쌤이 사용하는 낫입니다. 작은 낫은 채소 사이의 풀을 베어낼 때 유용합니다. 큰 낫으로 채소 사이의 풀을 베다보면 채소를 베게 됩니다. 그래서 작은 낫이 필요하지요. 흔히 '조선 낫'이라고 부르는 것인데, 이처럼 대장간에서 만들어진 낫

비를 맞지 않게 농기구 보관

용도별로 준비된 호미

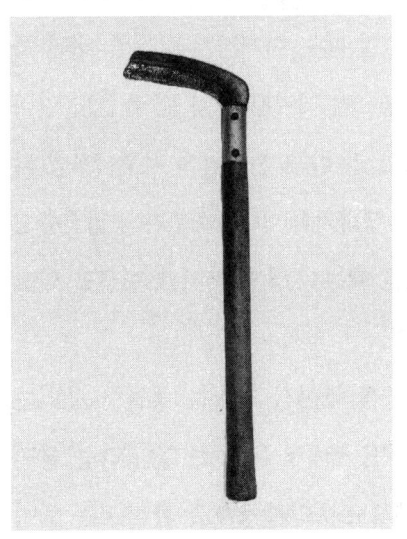

못 쓰게 된 낫 재활용

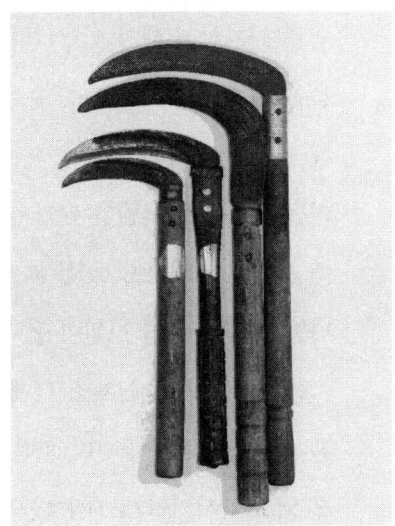

여러 가지 낫

은 큰 풀이나 잡목을 정리할 때 편리합니다. 오른쪽의 낫은 사용 중에 앞부분이 돌멩이에 부딪혀 일부분 못 쓰게 된 날을 갈아버리고 작은 낫으로 만들어 사용하는 것입니다. 관리만 잘 하면 농기구는 아주 오랜 기간 사용이 가능합니다. 개조해서 사용하는 낫은 15년이 되었는데도 여전히 잘 쓰고 있답니다.

밭에서 만나는 풀꽃

텃밭을 처음 할 때는 무작정 채소들을 잘 키우려고 노력하게 됩니다. 힘든 줄도 모르지요. 그런데 시간이 지나면서 차츰 밭일이 조금씩 지겨워질 때가 있답니다. 그럴 때는 여기저기 고개를 내민 풀들을 가만히 지켜보세요. 운이 좋으면 어여쁜 꽃이 핀 풀들도 만나게 됩니다. 이름은 몰라도 되지요. 잘 아는 선생님께 여쭈어보면 되거든요. 아니면 사진을 찍어서 야생화카페(인터넷카페)나 농업진흥청에 문의해도 되고요. 이름을 모를 때는 그냥 풀이지만, 이름을 알고 나면 더욱 친해진 느낌이 듭니다.

밭에서 자라거나 채소 옆에 바짝 붙어서 자라는 풀들을 우리는 흔히 잡초라고 부릅니다. 쌤은 어떤 책에서 "잡초는 없다"라는 글귀를 읽고 나서, 그리고 "잡초는 아직도 우리가 용도를 잘 모르는 풀이다"라는 에머슨의 말을 접하고부터는 잡초라 부르지 않습니다. 이

고마리꽃

광대나물꽃

큰개불알풀꽃

까마중

름을 아는 풀은 그 이름을 불러주고 모르면 그냥 풀이라고 합니다. 처음부터 풀과 친해지는 사람이 어디 있나요? 쌤도 처음엔 풀이라면 채소밭에서 사라져야 한다고 생각하고 텃밭농사를 시작했지요. 그런데 몇 년쯤 텃밭을 하다 보니 어느새 풀들의 이름도 알게 되고 그 풀에서 피는 꽃과도 만나게 되더라고요. 그러는 사이 우리밭에서 자라는 웬만한 풀들과 친해졌고요. 그래도 가끔은 이름을 모르는 풀이 보입니다. 그럴 때면 쌤도 사진을 찍어서 여기저기에 물어봅니다. 사진을 찍을 때는 꼭 어릴 때의 모습과 다 자랐을 때의 모습, 그리고 꽃이 피어 있을 때의 모습을 같이 찍습니다.

날씨가 아주 추운 겨울에는 풀들이 자라지 못한다고 생각합니다. 쌤도 예전에는 그런 줄만 알았거든요. 그런데 밭에 나가서 겨울에 관찰을 해보니 그게 아니었습니다. 겨울에도 풀들은 제 역할을 다 하고 있는 것이지요. 조금씩 자라는 모습이 보입니다. 그러다 봄이 되면 얼른 다른 풀들이 자라기 전에 꽃을 피우고 씨앗을 남깁니다.

우리가 흔히 길가에서 만나는 까만 열매를 맺는 풀이 있습니다. 이 열매를 먹기도 하지요. 이 풀이 바로 까마중입니다. 까마중이 꽃 피고 열매를 맺는 모양을 가만히 관찰하면 이 풀이 가지과라는 사실을 쉽게 알 수 있습니다. 가지과라 하면 가지, 고추, 토마토가 여기에 속합니다. 까마중을 잘 살펴보면 토마토와 아주 흡사합니다. 그래서 가지과 풀인 모양입니다.

앞의 사진들을 자세히 살펴보세요. 어여쁘지 않은 꽃이 어디 있나요? 이런 풀들은 모두 작고 여리게 피어납니다. 정원에 핀 화려한 장미보다는 수줍어 보이지만 색깔을 자세히 관찰하면 반하지 않을 수 없답니다. 어떤 화가가 이렇게 아름답게 표현할 수 있을까요?

밭에서 만나는 어린 풀들은 대부분 나물로 먹을 수 있답니다. 냉이, 지칭개, 왕고들빼기, 비름 같은 풀은 나물로도 아주 좋습니다. 냉이나 왕고들빼기는 잘 알려진 나물이지요. 채소를 기르면서 만나는 풀들에 친근한 눈길을 주노라면 밭에서 꼭 채소를 길러야 하나 싶을 정도로 많은 나물을 만납니다. 우리 입맛에 아직은 익숙하지 않지만 조금씩 맛보다 보면 좋은 나물로 다가올 것입니다.

월동 중인 냉이

부추 밭의 비름

월동 중인 지칭개

봄의 왕고들빼기

이따금 농사에 방해가 되는 풀도 있어요. 보기에 아름답고 작은 꽃을 피우는 풀들이 마냥 어여쁘지만은 않을 때가 있답니다. 채소 옆에 바짝 달라붙어 채소를 못살게 굴기도 하지요. 그럴 때는 채소를 위해서 풀을 잘 정리해줘야 합니다. 풀들은 이 땅의 주인으로 자연 현상에 잘 적응하면서 살아왔습니다. 그런데 채소들은 거의 다 외래식물입니다. 즉, 토종식물인 풀과 외래종인 채소가 같은 공간에서 생존경쟁을 해야 하는 현실이 텃밭에서 벌어지는 거예요. 풀에 대한 이야기 중에 "긴 고랑 풀매고 돌아보니 자라고 있다"는 말이 있을 정도죠. 그만큼 풀의 성장이 빠르다는 뜻이겠지요?

강아지풀 5월 8일   강아지풀 5월 24일   강아지풀 6월 22일

주말농장이나 텃밭을 하다 보면 바쁜 일상 때문에 밭에 가지 못할 때도 더러 있습니다. 그러다 2주 만에 밭에 나가 보면 우리밭이 어디인지 모를 때도 있답니다. 거짓말 같지만 사실이랍니다. 실제로 풀이 자라는 속도를 관찰해보면 이해가 가지요. 채소를 위협하고 채소에게 심한 스트레스를 주는 풀은 초기에 잘 정리하면 텃밭이 아주 즐겁게 다가옵니다. 그렇다고 풀이 아예 없는 반질반질한 밭을 만들라는 이야기는 절대 아니에요. 적당하게 풀과 경쟁도 하고 풀 사이에서 생존하는 것도 필요 합니다. 그러나 풀이 채소를 못 자라게 하지 않을 정도의 노력은 필요하겠죠?

왼쪽의 사진은 강아지풀이 자라는 모습을 찍은 것입니다. 약 45일(1.5개월)만에 씨앗이 맺혀 떨어지는 모습입니다. 이렇게 성장이 빠른 게 풀입니다. 조금만 잘못 관리하면 채소밭 다 갈아엎는 것은 시간문제랍니다. 그래서 "채소는 주인의 발자국 소리를 듣고 자란다"고 말하나 봅니다.

아래 사진은 양파를 수확하면서 돌피 한 포기를 관찰용으로 두고 찍은 것입니다. 1주일마다 관찰한 모습이죠. 엄청난 성장을 보이지요. 6월 22일 그나마 연약한 풀 모습을 보이던 돌피가 1주일 뒤에는 씨앗이 맺혀 떨어질 만큼 성장합니다. 작은 풀일 때 정리하면 쉽게 할 수 있지만 어느 정도 자란 뒤 하려면 엄두가 나지 않죠.

돌피 6월 15일   돌피 6월 22일   돌피 7월 1일

밭에서 만나는 곤충

우리는 자신의 목적에 맞추어 이름을 붙입니다. 흔히 채소를 기르는 데 도움을 주는 벌레를 '익충'이라고 부릅니다. 반대로 해를 주는 벌레를 '해충'이라 부르죠. 하지만 이것은 어디까지나 사람이 편리를 목적으로 지은 이름입니다. 세상에 익충이 어디 있고 해충이 어디 있겠습니까? 다양한 생명체가 어우러진 밭이 건강한 밭이라고 생각하면 아주 쉽습니다. 여러 가지 벌레들이 어우러지면 자연스럽게 천적관계도 성립이 되면서 한 종류의 벌레가 만연하여 채소를 쑥대밭으로 만드는 일도 생기지 않습니다.

밭이 기름지고, 그 안에 다양한 곤충이 살면 땅속에는 지렁이와 땅강아지가 많아집니다. 그러면 지렁이, 땅강아지를 잡으러 두더지가 나타납니다. 지렁이는 여러분도 잘 알다시피 "밭을 일구는 조용한 일꾼"이라는 평을 받고 있어요. 그 일꾼이 두더지를 불러들이면 밭은 약간 어수선해집니다. 밭에서는 항상 이런 식의 전개가 벌어진다고 보면 됩니다. 절대적으로 도움이 되는 것은 없다고 생각하면 되는 것이죠. 전체적으로 조화와 균형이라는 점을 생각하면서 채소가 자라는 모습을 즐겁게 지켜보는 여유를 가진다면 자연은 반드시 훌륭한 농산물로 보답합니다.

벌레들이 뛰어다니면 이번에는 개구리가 나타납니다. 개구리는 먹이 특성상 움직이는 벌레만 먹습니다. 살아 있는 밭에는 벌레들이 다니고, 그 벌레들을 쫓아 개구리가 등장하는 것이지요. 그러다 진딧물이 바람 따라 날아와 키 큰 채소에 붙게 됩니다. 진딧물이 생기면 반드시 그 주변에는 개미들이 나타나게 마련이지요. 개미들의 보호를 받으면서 진딧물은 부지런히 개미가 원하는 먹이를 만들어 줍니다. 그러다 보면 이번에는 진딧물의 천적인 무당벌레가 나타납니다. 밭에서 일어나는 이런 생명활동을 지켜보면 결국 문제는 '조화와 균형'이라는 결론을 얻게 됩니다. 만약에 진딧물이 생겼을 때 살충제를 구해서 채소에 뿌리게 되면 진딧물과 주변에 있던 곤충들이 전부 죽게 됩니다. 그러면 천적인 무당벌레는 먹이가 없는 그 곳에 발길을 끊게 되겠지요? 이런 일이 반복된다고 생각하면 진딧물이 생기는 즉시 계속 농약을 치겠지요? 이번에는 한번 진딧물이 나타났을 때 가만히 두고 볼까요? 진딧물이 심한 채소를 뽑아서 땅을 파고 묻어주는 거죠. 그러면 어느 날인가부터 진딧물이 있는 곳에는 개미도 있지만 그 천적인 무당벌레가 나타나 진딧물의 개체수를 조절해주는 것을 알게 됩니다. 그래서 유기농으로 농사를 지을 수 있는 것이지요.

쌤의 밭도 진딧물에 의한 피해를 입은 적이 있습니다. 고추 40포기에 1포기 정도는 진딧물 때문에 제대로 자라지 못하는 모습을 볼 수 있지요. 배추는 100포기당 3포기 정도에 진딧물이 붙어서 먹기에 조금 찜찜하기도 합니다. 그런데 정말 많은 피해를 주는 애벌레가 있답니다. 이들 애벌레는 배추나 무가 자라는 초기에 줄기를 잘라 먹는 거세미나방애벌레와 풍뎅이애벌레입니다. 이들 벌레는 고추, 가지, 배추, 감자 등에 피해를 줍니다.

배춧잎에 붙은 개구리는 배추를 갉아먹는 작은 벌레들을 먹고, 거미는 줄을 쳐서 지나가는 나방을 잡습니다.

칠성무당벌레는 풀을 먹지 않습니다. 그렇지만 28점박이무당벌레(왕무당벌레붙이)는 풀을 먹습니다. 우리가 밭에서 기르는 채소는 풀이지요. 28점박이무당벌레는 우리가 많이 기르는 가지과 채소인 감자잎, 가지잎을 먹습니다. 이 벌레가 너무 많아지면 감자잎이 부

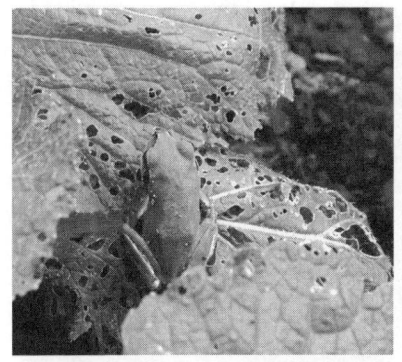
배춧잎의 청개구리

거미줄을 친 무당거미

칠성무당벌레 성충

28점박이무당벌레

실해져서 감자가 잘 안 됩니다. 감자잎이나 가지잎에 붙은 이 벌레는 잡아주어 적당한 개체수로 조절하면 그리 큰 피해가 생기지 않습니다. 채소를 처음으로 기를 때는 28점박이무당벌레를 보고 칠성무당벌레로 오해하기도 합니다. 하지만 모양이나 점의 개수, 색상을 잘 관찰하면 구분할 수 있어요. 무엇보다도 풀을 먹고 있으면 28점

잔딧물을 잡으러 다니는 칠성무당벌레 애벌레

박이무당벌레입니다.

여러분도 잘 아는 배추흰나비애벌레는 양배추와 배추를 좋아합
니다. 이 벌레는 똥을 남기면서 이동하지요. 벌레와 채소의 색깔
이 비슷해서 찾아내기가 쉽지 않지만 흔적인 똥을 보면 쉽게 잡을
수 있습니다. 거세미나방애벌레와 풍뎅이애벌레는 거의 모든 채소
의 싹을 잘라 먹습니다. 잘린 채소의 아래를 잘 파보면 벌레를 잡
을 수 있어요. 이 두 종류의 애벌레는 밭을 일구다가 발견하면 수
시로 잡아내서 피해를 줄여야 할 만큼 골칫덩이죠. 밭을 처음으로
하는 곳에서는 잘 발견되지 않지만 유기농으로 3년 이상 채소를 기

르다 보면 많이 발견됩니다. 벌레들도 살 만한 곳을 골라 이사를 다니기 때문입니다.

　메뚜기와 섬서구메뚜기는 가을에 많이 나타납니다. 가을은 채소들이 왕성하게 성장하는 시기입니다. 이들 메뚜기 종류의 곤충은 많은 수가 나타나지 않으면 그다지 큰 피해를 주지 않습니다. 메뚜

배춧잎의 섬서구 메뚜기

메뚜기

배추흰나비애벌레

풍뎅이애벌레

기가 많이 나타나면 잡아서 부모님께서 즐기던 추억의 간식을 만들 수도 있어요. 30~40년 전만 하더라도 메뚜기를 잡아 들기름에 볶아서 반찬으로 이용했거든요.

지혜로운 농부가 꼭 알아야 할 텃밭 농사 용어들

- 결구 : 포기가 차는 것을 결구라 한다. 배추, 양상추, 양배추 등의 채소가 포기를 채우는 것을 일컫는 말.
- 곁순지르기 : 줄기의 겨드랑이에 나는 순을 곁순이라 하고, 이것을 잘라내는 것을 곁순지르기라 한다. 주로 토마토, 오이 등에 생기는 새로운 순을 따주는 것을 이른다.
- 고랑 : 두둑과 두둑 사이의 길고 좁게 들어간 곳으로, 물 빠지는 기능과 관리를 위하여 접근하는 통로로 이용된다.
- 꺾꽂이 : 식물의 자라는 줄기를 잘라 심는 것을 꺾꽂이라 한다. 흔히 삽목이라고도 한다. 주로 개나리, 스테비아, 박하 등의 식물을 증식시킬 때 많이 이용하는 방법이다.
- 꽃대 : 꽃자루가 달리는 줄기.
- 덩굴손 : 줄기나 잎의 끝이 다른 물체를 감을 수 있도록 가늘게 덩굴로 모양이 바뀐 부분.
- 덩이뿌리(괴근) : 식물의 뿌리가 양분을 저장해서 비대해진 것으

190

평이랑　　　　　　　　　　　　좁은 이랑

로 괴근이라고도 부르며 고구마와 야콘 등이 대표적인 덩이뿌리 식물이다.

• 덩이줄기(괴경) : 식물의 뿌리줄기가 가지를 치고 그 끝이 양분을 저장하여 비대해진 형태의 식물로 감자, 돼지감자, 튤립 등이 이 부류에 속한다. 괴경이라고도 부른다.

• 도장 : 싹이 튼 식물이 웃자라 쓰러져 말라 죽는 현상.

• 돌려짓기 : 작물을 일정한 순서에 따라서 주기적으로 교대하여 재배하는 방법. 윤작(輪作)이라고도 한다.

• 두둑 : 식물을 심기 위해 만든 흙 두덩이.

• 뒷그루 : 후작이라고도 하며, 어떤 작물을 수확하고 이후에 재배하는 것을 말한다.

• 멀칭 : 모종을 심거나 파종할 때 위에 무엇을 덮는 것을 멀칭이라

한다. 보통 멀칭의 재료로는 비닐제품이 많이 쓰인다. 우리말로는 피복이라 한다.

• 모종 : 씨앗을 심어 아주심기 하기 전의 상태를 모종이라 한다.

• 밑거름 : 밭을 일굴 때 넣어주는 거름을 말한다. 흔히 기준이 되는 거름을 일컫는다.

• 밀생 : 자라는 작물의 밀도가 높은 상태를 나타낸다. 즉, 밀도가 높게 생육한다는 뜻이다.

• 발아 : 싹이 트는 것을 의미한다. 발아는 한자이고 우리말은 싹 틔움이다.

• 배게 : 모종이나 씨앗의 자람 상태가 빽빽함을 일컫는 말. 즉, 촘촘하게 자라는 상태를 "배다"라고 표현함.

• 복토 : 복토는 씨앗을 뿌리고 씨앗 위에 덮는 흙을 말한다.

• 비늘줄기 : 양파, 파, 쪽파, 부추, 마늘 등의 백합과 식물의 알뿌리를 비늘줄기라 한다.

• 사이짓기 : 어떤 작물(作物)의 이랑이나 포기 사이에 한정된 기간 동안 다른 작물을 심는 것을 이른다.

• 솎아내기 : 촘촘하게 자라는 곳의 식물을 뽑아내어 알맞은 간격으로 넓혀주는 것을 의미한다.

• 숙근성 식물 : 여러해살이식물 중에 뿌리를 성장시켜 영양을 축적하고, 새로운 개체를 만들어내는 식물로 아스파라거스, 부용화, 백

합 등이 대표적인 식물이다.

- 순지르기 : 식물의 생장줄기의 제일 끝부분을 잘라내는 것을 말한다. 오이, 콩, 토마토 등의 자라나는 줄기 끝 부분을 잘라내는 것을 순지르기라 한다.

- 실생법 : 씨앗을 심어 번식시키는 방법.

- 아주심기 : 모종이나 묘목을 일생동안 기르는 곳에 심는 것을 말한다. 한자로 정식이라고 많이 표현한다.

- 액체비료 : 물거름, 액비라고도 한다. 깻묵, 쌀겨, 닭똥(계분), 설탕, 물을 넣어 액체 상태로 발효시켜 사용하는 비료로 웃거름으로 많이 사용하며, 사용할 때는 적당한 비율로 희석시켜 사용해야 한다.

- 연작장해 : 같은 작물을 한곳에서 계속 재배하면서 생기는 장해 현상.

- 웃거름 : 식물이 있는 줄기 주변에 주는 거름. 즉, 자라는 도중에 주는 거름이라는 뜻으로 덧거름이라 표현하기도 한다.

- 유기농 : 화학비료나 농약을 전혀 쓰지 않는 농사법(3년 이상 농약, 화학비료를 사용하지 않고 기른 작물에 "유기농재배"라는 말을 사용할 수 있다). 좁은 의미로는 유기물을 넣어 재배하는 무농약, 무화학비료를 일컫는 말로 해석되기도 한다. 그러나 넓은 의미로는 유기적인 관계를 유지하여 지속가능한 농사를 이르는 말이다. 즉, 자연계 전체의 유기적인 관계를 이르는 뜻이 되기도 한다.

- 유기질비료 : 비료성분이 유기화합물의 형태로 함유되어 있는 비료. 보통은 인공물을 배제하고 자연물을 이용하여 만든 퇴비 중에 비료성분이 많이 함유된 퇴비를 말하기도 한다.
- 이랑 : 만들어놓은 밭의 한 두둑과 한 고랑을 아울러 이르는 말.
- 잎채소 : 잎을 먹는 채소로 주로 상추, 배추, 갓 등의 채소를 잎채소라 한다.
- 자가 채종 : 기르는 식물에서 씨앗을 받는 것. 즉, 스스로 씨앗을 받아 이용하는 것.
- 정식 : 씨앗을 뿌려 어느 정도 자란 모종을 아주심기 하는 것을 정식이라 한다. 우리말로 아주심기라 한다.
- 좁은 이랑 : 두둑과 고랑이 차례로 겹치면서 두둑에 한 줄로 채소를 심을 수 있게 만든 밭으로 주로 고추, 고구마 등을 심는 공간으로 활용된다.
- 퇴비 : 짚·잡초·낙엽 등을 퇴적하여 부숙(腐熟)시킨 비료. 비료성분의 함량이 보통 1% 미만이다. 두엄이라고도 한다.
- 파종 : 씨앗을 심는 것을 파종이라 한다. 우리말로 씨 뿌리기와 동일한 의미이다.
- 평이랑 : 두둑과 고랑이 차례로 되었으나 두둑이 넓어 두 줄, 세 줄로 채소를 심거나 고랑과 수직하여 골을 타고 채소를 파종할 수 있는 밭. 보통은 두둑을 1m 또는 1.2m 정도로 만든다. 이는 고랑

에서 팔을 뻗어 작물을 관리할 정도의 너비로 만든다는 의미이다.

• 포기 나누기 : 뿌리를 나누어 심는 것. 뿌리가 늘어나는 작물인 대파, 부추, 아스파라거스, 배초향, 머위 등의 작물은 뿌리에서 새로운 눈이 발생하고 이 새로운 눈이 있는 뿌리를 원뿌리에서 분리하여 이식하는 증식법.

• 포트묘 : 플라스틱으로 된 포트에서 기른 모종을 이른다. 플러그처럼 꽂아서 이용할 수 있다고 해서 플러그묘라 부르기도 한다. 보통 시중에서 판매하는 고추, 배추 모종이 이 포트묘이다.

• 휴면 : 씨앗, 종구, 알뿌리 등이 일정한 기간 또는 조건이 되어야 싹을 틔우는 현상. 쪽파는 비늘줄기가 더운 여름을 지나야 휴면이 타파되고, 감자는 수확 후 90~120일이 지나야 싹이 돋는다. 휴면이 있는 종자는 주의하여 파종해야 한다.

Go
작물을 재배하기 전에 꼭 알아야 할 것

채소는 사람을 위해서 자라지 않는다

　채소를 기르면서 많은 사람들한테 질문을 받습니다. "채소 기르기가 왜 이리 어려운가요?" 하는 내용입니다. 그러면 쌤은 이렇게 되묻습니다. "채소들이 사람을 위해서 자라나요?" 여러분! 쌤은 채소가 사람을 위해서 자라는 게 아니라고 생각해요. 채소들은 제 역할을 다 하려고 싹을 틔우고 자라면서 잎과 줄기를 키우다가 꽃을 피우고 씨앗을 맺고 사라집니다. 그러는 가운데 사람이 채소의 먹을 만한 부위를 따서 다듬어 먹는 것이죠. 기르는 사람이 잎과 줄기를 잘 이용하려면 채소가 자라는 생리적인 기능과 아울러 계절의 변화를 잘 이해해야 합니다. 잘 모르겠다면 주변에서 농사를 잘 지으시는 분을 따라하면 실수가 없을 겁니다.

쌤도 채소를 기르면서 많은 것을 느꼈지요. 특히, 자녀교육과 맥락이 같다는 생각이 많이 들었어요. 그러면서 어느 순간, 자녀들이 부모를 위해서 사는 것도 아니고 부모님이 자녀를 위해서 사는 것도 아니라는 데까지 생각이 미치더군요. 텃밭에서 채소를 기르다 보니 이제는 별의별 생각을 다하게 되나 봅니다. 밭에 나가서 자연을 공부할 때는 항상 이 말을 기억하기 바랍니다. "채소는 사람을 위해서 자라지 않는다."

채소와 온도

식물들은 각 개체들이 살아온 환경에 따라 자라기에 적당한 온도와 싹이 트기에 적당한 온도를 가지고 있습니다. 우리가 어떤 채소에 대해 이야기할 때 중요하게 다루는 분야가 "원산지"입니다. 원산지라는 말은 식물이 그 지역에서 성장하여 세계 여러 곳으로 퍼졌다는 의미와 같습니다. 예를 들어 원산지가 우리나라의 울릉도인 "울릉도 산마늘"이라는 식물은 울릉도에 가면 산과 들에서 흔하게 자생하고 있는 풀입니다. 이런 의미가 바로 원산지라는 뜻입니다. 각 채소들마다 원산지가 다릅니다. 그래서 채소들이 좋아하는 온도와 습도 조건도 다 다릅니다.

채소	최저온도(℃)	최적온도(℃) 기간	최고온도(℃)
가지	5~10	20~30 (최소 3개월)	40~45
고추	10~15	25~30 (최소 3개월)	40~45
호박	5~10	20~25 (최소 2개월)	40~45
수박	10~15	25~30 (최소 2개월)	40~45
토마토	0~5	15~25 (최소 2개월)	35~40
오이	5~10	20~25 (최소 2개월)	35~40
파	−7~0	10~15 (최소 2개월)	30~35
배추	0~5	15~20 (최소 2개월)	25~30
양배추	0~5	15~20 (최소 2개월)	25~30
당근	0~5	15~20 (2개월)	25~30
상추	0~5	15~20 (2개월)	25~30
완두	0~5	15~20 (2개월)	25~30

채소별 자라기 적당한 온도

위의 표에 채소들이 자라기 좋은 온도를 표시했습니다. 좋아하는 온도 조건에서는 쑥쑥 잘 자라죠? 최저온도와 최고온도도 함께 표시가 되어 있지요. 즉, 이 정도의 온도에서는 채소가 죽지 않고 버틴다는 뜻입니다. 그래서 봄에 고추, 가지, 토마토, 오이, 참외 등을 일찍 심을 필요가 없습니다. 조금 늦게 5월 5일 어린이날 정도 심으면 무난하게 잘 자랍니다. 그런데 가끔 마음이 급한 사람들은 4월 말경부터 모종을 구입해서 심기도 합니다. 지역에 따라서는 4월 말에 서리가 오는 지역이 있습니다. 이런 곳에 심어진 고추, 가지, 오이, 참외 등은 서리를 맞으면 죽게 됩니다. 그러면 다시 심어야겠지요? 그보다도 우리나라가 원산지도 아닌 식물이 추운 곳에 있다가 얼어 죽었다는 상상을 하면 참 불쌍합니다. 채소들을 생각하는 마음으로 조금 늦게 심어 주는 여유가 필요하겠죠? 최적온도를 보면 괄호 안에 기간이 적혀 있지요? 고추는 최소 25~30℃ 되는 기간이 3개월 정도 되어야 열매를 제대로 수확할 수 있다는 뜻입니다.

채소는 씨앗이 떨어져 적당한 조건이 되면 싹이 트고 자랍니다. 그러면 싹이 트는 데는 어떤 조건이 필요할까요? 맞습니다. 온도, 수분, 햇빛 등의 조건이 맞아야 합니다. 싹이 트기에 적합한 온도가 있다는 것을 이해하겠지요? 각 채소별로 싹이 트기에 적당한 온도를 정리해보았습니다.

자라는 온도와 아주 흡사합니다. 그런데 안의 숫자가 조금씩 다

채소	최저온도(℃)	최적온도(℃) 기간	최고온도(℃)
가지	10	15~30	33
고추	10	25~30	35
호박	10	20~25	35
수박	15	25~30	35
토마토	10	15~25	35
오이	15	20~25	35
파	4	10~15	33
배추	5	15~20	35
양배추	5	15~20	30
당근	8	15~20	30
상추	0~4	15~20	30
완두	0~4	15~20	33

채소별 싹 트기 적당한 온도

르지요. 예를 들면 고추는 15~30℃가 되어야 싹이 잘 튼다는 의미입니다. 그래서 고추농사를 짓는 곳에서는 1월에 따뜻한 하우스 안에 열선을 깔고 고추 씨앗을 파종합니다. 최저온도와 최고온도가 표시되어 있습니다. 이 온도에서는 싹이 잘 트지 않는다는 뜻이죠.

쌤도 상추를 봄에도 심고 가을에도 심어 기릅니다. 봄에는 4월 아무 때나 파종을 해도 솎아가면서 기르게 되더군요. 그런데 8월 20일경에 가을에 먹을 상추를 파종해보면 싹이 트는 것이 별로 없었답니다. 그래서 가을에는 씨앗을 봄보다 2~3배 많이, 아주 왕창 뿌렸지요. 그랬더니 조금 좋아지긴 했는데 근본적으로 해결되지는 않았습니다. 그때부터 쌤도 씨앗이 싹 트는 온도 조건을 찾아보게 되었지요. 그 전에는 아무 생각 없이 씨앗을 뿌렸다는 생각이 들더군요. 쌤도 가을에 상추와 당근을 파종했다가 여러 번 실패를 맛보고 씨앗마다 싹이 트는 온도가 다름을 공부하게 된 것이지요. 그래서 요즈음에는 8월 20일경에 상추를 파종할 때 아예 싹을 틔워서 심고 있습니다. 상추, 당근은 온도가 30℃를 넘어가면 발아율이 엄청 저조해집니다. 이런 경우에는 먼저 서늘한 곳에서 싹을 틔워 심으면 좋습니다(상추 싹을 틔워서 심는 방법은 상추 재배편을 참조하기 바랍니다).

각 채소별로 자라기에 적합한 온도와 싹이 트는 데 적합한 온도가 다르다는 사실을 먼저 이해하고, 우리 지역의 기온이 어떻게 변하는지 살펴보면 채소를 기르는 데 많은 도움을 받을 수 있을 겁니다. 지역의 기온은 기상청의 홈페이지(http://www.kma.go.kr)에 가면 검색해볼 수 있지요. 기상청/날씨/기후자료에 가면 지역별, 연도별, 월별기온, 강수량 등의 기상관련 정보를 모두 찾아볼 수 있답니다. 이런 데이터를 잘 살펴보면 우리지역에 어떤 채소가 맞는지도 알 수 있어요. 예전에는 채소 기르는 것이 과학적인 사고와 거리가 멀다고 생각했어요. 정말 잘못된 생각이지요. 다행스럽게도 요즈음에는 농사야말로 가장 과학적인 분야라는 게 입증되었네요!

우리나라에서는 채소 기르기가 왜 어려울까요?

여러분, 우리나라에서 채소를 기르는 게 왜 어려운지 그 이유를 아세요? 여러 가지 원인이 있지만 그중 단연 으뜸은 바로 장마철이 있다는 기상조건이랍니다. 그럼 채소들은 무엇 때문에 장마철을 싫어할까요? 이유는 간단합니다. 원래 식물이 태어난 고향의 날씨에 우리나라의 장마와 같은 계절이 없었기 때문이지요. 우리나라의 장마철 특성을 알고 있죠? 온도는 30℃를 넘어가고 습도는 90%를 넘고…… 어디 그뿐인가요? 비 오는 날이 연속됩니다. 하지만 이런 날씨에도 의연하게 버티는 식물들이 있습니다. 우리나라에서 오래전부터 계속 자라던 자생식물과 원산지가 우리나라인 콩, 달래, 부추 등의 몇몇 종류의 채소들이지요. 그 밖에 저절로 이 땅에 태어나 자라던 풀이 해당됩니다.

채소들이 장마를 싫어하는 이유는 간단합니다. 비가 계속 오면 상대적으로 햇빛이 없습니다. 햇빛을 못 보면 대부분의 채소들이 광합성작용을 못 합니다. 뿌리에는 물이 축축하게 고이게 되고요. 뿌리가 호흡을 해야 하는데 비가 뿌리 주변에 고여 호흡을 못 해서 습해를 입게 됩니다. 그래서 채소들은 이 계절을 몹시 힘들어 하지요.

2010년에는 배추 값이 엄청나게 비싸서 다들 금치, 금배추라는 말을 많이 했어요. 2011년에는 고춧가루가 예년보다 2~3배 가격이 뛰었고요. 이런 현상은 모두 우리나라의 장마철이 언제 시작되어 언제 끝나는가, 그리고 장마기간에 비가 며칠이나 내렸는가에 따라 결정됩니다. 2010년 장마에 8월 한 달간 서울, 경기지방에는 26일간 비가 내렸습니다. 계속 내리는 비에 배추 심을 시기를 놓쳤을 뿐 아니라 자라는 배추도 많은 손상을 입게 되어 가격이 오른 것이죠.

2011년 장마철에도 비 내리는 날이 아주 많았습니다. 비가 그치고 나니 고추에 많이 번지는 병인 탄저병(고추열매를 상하게 하는 병)이 극성을 부려 고추농사가 엉망이 되었고요. 비가 오는 날에는 탄저병 약이 있어도 뿌리지 못 하거든요. 그러다 보니 장마철에 알게 모르게 병균이 옮아서 장마가 끝난 후에 급속도로 번진 것이지요.

우리가 많이 기르는 채소

우리가 많이 먹는 채소를 정리해보면 아래와 같습니다.

쌍떡잎식물	가지과채소	가지, 고추, 토마토, 감자
	국화과채소	상추, 쑥갓, 아욱
	미나리과채소	미나리, 당근
	명아주과채소	시금치, 근대
	메꽃과채소	고구마
	박과채소	수박, 호박, 참외, 오이
	배추과채소	배추, 무, 얼갈이, 총각무, 열무, 양배추, 갓, 유채, 청경채, 겨자채, 20일 무
외떡잎식물	벼과	옥수수, 수수
	백합과	대파, 부추, 마늘, 쪽파, 양파, 염교

여러분도 잘 알겠지만 외떡잎식물은 씨앗이 싹틀 때 떡잎이 1개 올라오는 식물을 말합니다. 쌍떡잎식물은 떡잎이 2장 대칭형으로 자라는 식물이고요. 다음에 나오는 옥수수와 오이의 떡잎을 비교해보면 이해가 잘 됩니다.

위에 정리된 여러 가지 채소들은 우리와 친숙한 것으로 눈에 자주 띄는 것들입니다. 모두들 한두 번 먹지 않은 채소가 없죠? 마트의 채소코너에 가면 언제든 볼 수 있고요. 그런데 불행하게도 이 많은 채소들 중에 우리나라가 원산지인 채소가 없답니다. 우리는 모두 외래종 식물인 채소를 길러서 먹고 있는 셈입니다. 그래서 우리

외떡잎식물 옥수수 떡잎

쌍떡잎식물 오이 떡잎

나라에서는 상대적으로 이런 채소들을 기르기가 어렵습니다.

수박, 참외의 제철은 언제일까?

원래 우리나라에서 수박과 참외를 맘껏 먹을 수 있는 시기는 7~8월이었어요. 대개 여름방학 중이라 시골의 할머니 댁에 가면 수박과 참외를 실컷 먹을 수 있었지요. 그런데 산업발달과 더불어 비닐하우스나 온실이 늘어나면서 사람들은 2~3월부터 수박, 참외 모종을 심게 되었어요. 이렇게 모종한 수박과 참외는 4월부터 시중에 나오기 시작해서 7월이면 끝물이 되어버립니다. 하지만 비닐하우스가 아닌 보통 밭이나 주말농장에서 수박이나 참외를 심어 기르면 방학할 때쯤 되어야 열매를 맺게 되지요.

이런 현상이 벌어진 게 단순히 시설이 늘어나서만은 아닙니다. 수박과 참외를 밭에서 길러보면 여름이 되면서 내리는 장맛비에 아주 약해집니다. 고온다습한 여름철에 잎에는 병이 보이고 열매는 상해서 떨어지는 현상이 생기죠. 아마도 이런 이유로 시설재배를 하는 게 아닌가 생각해봅니다. 그래도 조금만 노력하면 밭에서 자연스럽게 익은 수박과 참외를 제철에 먹을 수 있습니다. 밭에서 잘 익은 과일을 따서 먹는 모습을 상상하면서 채소를 기르기 바랍니다.

7월 15일 수박, 참외 밭 모습

채소도 편식을 한다

채소들도 편식을 한다고 하니 기분이 좋죠? 먹고 싶은 음식만 먹는 게 꼭 사람한테만 해당되는 현상은 아닌가 봐요. 질소성분을 좋아하는 채소가 있고 인산성분을 좋아하는 채소도 있고 칼륨성분을 좋아하는 채소도 있습니다. 모든 채소들은 자신이 좋아하는 성분만 먹고 자란다고 보면 됩니다. 어떤 채소가 무엇을 좋아하는지 잘 알면 채소를 잘 기를 수 있어요.

어떤 채소는 산성화된 땅을 싫어하고 어떤 채소는 건조한 곳을 좋아해요. 쌤이 채소를 길러보니 산성화된 땅에서 자라기 어려운 채소가 시금치와 완두콩이더군요. 우리가 기르는 채소들 중에 산성에 잘 견디는 채소도 있습니다.

- 산성에 약한 채소 : 시금치, 완두, 오이, 토마토, 참외, 양배추, 상추, 양상추, 셀러리, 파
- 산성에 강한 채소 : 호박, 옥수수, 들깨, 쑥갓, 무, 순무, 당근, 감자, 고구마, 토란, 고추

시금치를 심어서 잘 자라지 못하면 우선 밭이 산성화 되어 있는 건 아닌지 의심해봐야 합니다. 시금치는 명아주과 채소로 아주 강인한 성품을 타고나서 아무 곳에서나 어느 정도 버티는 성질이 있

습니다. 그런데 산성화된 곳에서는 자라다 죽을 정도로 힘들어 합니다. 시금치를 심어서 잘 되지 않는다면 일단 토양이 산성화 되었는지 의심해보고 다음에 시금치를 심을 때 석회를 조금 뿌리고 시금치를 길러보세요.

완두콩도 상당히 산성을 견디기 어려워합니다. 완두콩이나 시금치를 심을 밭에는 2~3년 주기로 석회를 뿌리고 기르면 무난합니다. 석회를 대신 할 수 있는 재료가 무엇일까요? 석회와 같은 성질을 가진 것으로 주변에서 쉽게 구할 수 있는 것은 계란껍질, 생선뼈, 조개껍질 등이 있습니다. 집에서 나오는 계란껍질을 모아두었다 밭에 뿌리면 좋다는 뜻입니다. 주변에 있는 김밥집에 들러 계란껍질을 얻어다가 밭에 활용해보세요.

돌려짓기

돌려짓기가 무엇인지 다들 알고 있죠? 모른다면 지금부터 한번 생각해보도록 합시다. 돌려짓기는 말 그대로 같은 밭에서 채소를 바꾸어가면서 기른다는 뜻입니다. 같은 밭에 동일한 채소를 계속 기르면 무난하게 잘 되는 채소도 있고 잘 되지 않는 채소도 있어요. 잘 되지 않는 채소는 반드시 장소를 바꾸어서 심어야겠지요.

아래 표에 이어짓기를 해도 되는 채소와 반드시 돌려짓기를 해야 하는 채소를 정리했습니다. 이것을 참고로 채소를 기르면 도움이 됩니다.

이어짓기 장해가 없는 채소	호박, 옥수수, 상추, 근대, 쑥갓, 청경채, 캐일, 파, 마늘, 무, 당근, 감자

이어짓기 장해가 없는 채소라 하더라도 우리는 반드시 채소를 돌려지어야 합니다. 왜 그럴까요? 같은 장소에 같은 채소를 기르면 동일한 양분만 먹으니 균형이 깨지겠죠? 그러니 돌려지어야 하는 겁니다. 예를 들면 옥수수 심은 곳에 계속 옥수수를 기르면 옥수수가 좋아하는 양분만 없어지고 옥수수가 좋아하지 않는 양분은 그대로 흙 속에 남게 됩니다. 남은 양분은 빗물에 녹아 지하수로 유입되거나 하천으로 흘러들어 오염의 원인이 되기도 하고요. 그래서 채소를 골고루 심어서 내가 준 영양물질(퇴비, 거름)이 골고루 없어지게 해야 한답니다. 특히, 유기농으로 채소를 기르는 밭에는 반드시 돌려짓기를 해야 합니다. 우리가 주는 퇴비나 거름에는 거의 모든 물질이 골고루 들어 있습니다. 골고루 들어 있는 양분을 골고루 없어지게 하려면 채소를 바꾸어가면서 심어야 하겠죠? 즉, 잎채소(상추, 배추 등)를 심은 곳에는 다음에 줄기채소(쑥갓, 아욱 등), 그 다

음에는 열매채소(토마토, 고추 등)를 그 다음에는 땅속열매채소(고구마, 감자 등)를 심어야 한다는 뜻입니다. 가끔은 밀이나 보리 등의 맥류도 심고 콩을 심으면 밭의 토양을 개량하는 효과를 볼 수 있습니다. 밀, 보리는 뿌리가 땅속 깊숙이 들어가므로 깊이갈이 효과가 있고, 콩은 공기 중의 질소를 고정하여 흙에 양분을 축적하는 작용을 합니다.

돌려짓기 연한은 채소를 심은 후 최소한 표시된 기간을 지나서 같은 채소를 심어야 한다는 뜻입니다. 완두나 수박은 같은 장소에 계속 심는 걸 엄청 싫어하니까 4~5년 후에 다시 심어야 한다는 말이지요. 완두는 같은 장소에 계속 심는 걸 끔찍하게 싫어합니다. 쌤도 실험해보고 확실하게 알았어요. 완두를 심었던 곳에 그 다음해 완두를 또 심었더니 자라다가 죽는 포기가 생기더라고요. 그만큼 같은 장소에 심는 걸 싫어한다는 뜻이겠죠?

돌려짓기 연한	채소의 종류
1년	강낭콩, 갓, 시금치, 양파, 순무
2년	고추, 오이, 딸기, 참외, 배추, 양배추, 마늘, 셀러리, 생강
3~4년	가지, 토마토, 토란, 우엉, 피망, 멜론, 콜리플라워, 아스파라거스
4~5년	완두, 수박

Action1
내 손으로 가꾸는 텃밭 채소

가지 (가지과 열매채소)

- 원 산 지 : 인도
- 모종심기 : 4월 말~5월 초
- 수　　확 : 7월 ~ 서리 내릴 때까지
- 난 이 도 : 중
- 연작장해 : 있음(2~3년 휴식 필요)
- 특　　징 : 고온성 작물
　　　　　　 햇빛을 좋아함
　　　　　　 약간 습기가 있는 밭에 재배

　가지는 고온성작물로 우리나라의 여름에 어울리는 열매채소입니다. 열대의 고온성작물이라 추위에 약하므로 모종도 5월 초순에 심는 것이 좋습니다. 원산지에서는 여러해살이식물이지만 우리나라의 겨울에 적응이 불가능하므로 1년생 풀처럼 가꾸는 채소입니다.

밭 준비

　가지는 가지과 작물인 고추, 토마토 등을 심지 않았던 밭을 골라 심는 것이 좋습니다. 이들 작물은 모두 연작을 싫어하는 종류이므로 2~3년 주기로 밭을 돌려가면서 심는 것이 요령입니다. 밭은 너

시중에서 판매하는 다양한 종류의 가지 모종

무 건조하지 않고 보습성이 좋아야 합니다.

가지를 심을 곳에 퇴비를 1m² 당 4kg 정도와 깻묵 4컵(800g)을 넣어 두둑 폭 50cm 정도, 높이 20~30cm 정도로 만듭니다. 물이 잘 빠지는 밭은 굳이 두둑을 만들지 않고 평지에 심어도 됩니다.

가지 심기

두둑을 호미로 조금 파내고, 물을 뿌리고, 포트 안에 있을 때 흙에 잠긴 부분만큼 흙에 묻히도록 심으면 됩니다. 처음 모종을 심을 때는 대부분의 사람들이 조금 깊게 심는 경향이 있어요. 그런데 실제로는 약간 얕게 심는다는 기분으로 심어주는 게 좋답니다. 가지와 가지 사이의 거리는 50cm 정도가 적당합니다.

가지 자라는 모습

가지는 고온성이고, 햇빛을 좋아하는 작물입니다. 그래서 너무 조급하게 일찍 심을 필요가 없습니다. 가지가 잘 자라는 온도는 15℃를 조금 웃도는 온도입니다.

가지는 날씨가 더워지고 햇볕이 좋은 7~8월이 되면 아주 잘 자라

아주심기를 한 지 3주 지난 모습

아주심기를 한 지 5주 된 모습

7월 초의 가지 모습

8월 말의 가지 모습

212

고 열매도 많이 열립니다. 이때 수시로 밭에 들러 매달린 가지열매를 따주어야 가지도 비바람에 잘 견딥니다. 그러면 10월 서리가 내릴 때까지 수확할 수 있지요. 특히, 가을이 되어 선선한 바람이 부는 시기의 가지는 단단하여 여름 가지의 부드러운 맛에 비해 조금 색다른 맛을 느낄 수 있답니다.

수확

가지는 조그마할 때 수확하여 이용하는 것이 좋습니다. 주말에만 밭에 가는 입장이라면 조금 어린 가지열매를 수확하여 이용해보세요. 열매가 어리다고 마냥 기다리면 어느새 너무 자라 단단한 열매가 되어버리거든요.

관리 요령

짚 깔기 : 가지는 보습성이 좋은 밭에서 기르는 것이 좋으므로 짚이나, 풀, 낙엽 등을 두텁게 덮어주면 잘 자랍니다. 여름에 장기간 비가 오지 않을 때는 물을 자주 주어 밭이 메마르지 않게 해주면 좋습니다.

잎 잘라주기, 줄기 정리 : 가지는 햇볕이 잘 들어야 색깔이 곱게 나옵니다. 수시로 복잡한 곳의 연약해진 잎과 줄기를 잘라주어 아래쪽에 열린 가지열매에 햇볕이 잘 들도록 해줍니다.

짚 깔아주고 잎을 잘라준 모습

웃거름 주려고 파낸 모습

지주 세우고 줄 매기 : 모종을 심고 6주 정도 지나면 가지가 열리기 시작하고 키도 30~40cm 정도 자라게 됩니다. 이때 가지 포기 하나에 하나의 지주를 세워줍니다. 이처럼 아주 심고 어느 정도 기간 동안 바람에 흔들리게 두었다 지주를 세우고 묶어주면 뿌리의 성장이 좋아집니다. 모종이 어릴 때 바람에 흔들리지 않으려고 뿌리를 튼튼하게 키워주기 때문이랍니다.

웃거름 주기 : 가지는 거름 성분이 떨어지면 열매가 부실해지고 줄기가 잘 자라지 못하게 됩니다. 아주심고 2개월 후 포기에서 15cm 정도 떨어진 곳에 호미로 구덩이를 10~15cm 정도 깊이로 파고 퇴비를 한두 주먹 넣고 흙을 살짝 덮어줍니다.

자주 보이는 벌레와 병

왕무당벌레붙이 : 가지과의 채소에 많이 발생하는 왕무당벌레붙이(28점박이무당벌레)가 잎을 갉아먹는 모습이 자주 보입니다. 감자, 가지, 토마토 등의 가지과 식물에 특히 많이 발생하여 잎을 갉아먹습니다. 이 벌레는 보이는 대로 잡아주어야 합니다.

차먼지응애 : 이 벌레는 워낙 작아서 잘 보이지 않습니다. 그러나 가지의 껍질 부분이 갈색으로 변하면서 그 부위가 점점 커지는 것을 볼 수 있습니다. 매년 조금씩 발생하지만 가지를 못 먹을 만큼 큰 피해를 입히지는 않습니다.

가지잎의 왕무당벌레붙이

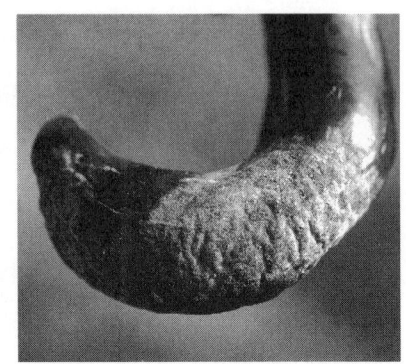

가지에 생긴 역병

차먼지응애 피해를 입은 모습

차먼지응애 피해 가지

역병 : 장마철이 지나가면서 무더위가 계속되거나 습한 날씨가 계속되면 가지과실에 밀가루를 뒤집어쓴 모양을 한 열매가 보입니다. 이 병이 가지 역병입니다. 해마다 몇 개의 가지에 발생하지만 그다지 큰 피해를 주지는 않습니다.

감자 (가지과 뿌리채소)

- 원 산 지 : 남미의 안데스지역
- 파종시기 : 3월 초 ~ 4월 초
- 수　　확 : 6월 말 ~ 7월 초
- 난 이 도 : 하
- 연작장해 : 없음
- 특　　징 : 물 빠짐이 좋은 밭 선정
　　　　　햇빛을 좋아함
　　　　　서늘한 기후를 좋아함

　감자는 봄에 일찍 심어 여름의 장마가 시작되기 전에 수확합니다. 서늘하고 약간 건조한 지역을 좋아하므로 우리나라 전역에 걸쳐 봄에 재배하는 것이 보통입니다. 씨감자를 심는 시기는 파종 후 20~30일 지난 뒤 서리가 오지 않는 시기를 선택하는 게 좋습니다. 5월 중순 이후 감자가 굵어지는 시기에 봄 가뭄이 들면 작은 감자가 되거든요. 봄 가뭄에 물을 자주 주면 굵은 감자가 됩니다.

감자 이야기

　감자는 남아메리카에서 태어나 유럽으로 건너갔고, 그곳에서 유럽 사람들의 주식으로 자리를 잡았습니다. 유럽의 강대국이 함대를 이끌고 세계 여러 나라를 식민지화하고 거점화하려고 돌아다닐 때 남아메리카 원주민은 배고프고, 목마르고, 병든 유럽 사람들을 위해 물, 음식(감자), 약초 등을 제공했지요. 유럽 사람들은 그 감자를 가져다가 유럽의 식량 문제를 해결했어요. 일부 유럽 국가는 주식으로 삼았을 정도고요. 감자 농사가 흉년이 든 아일랜드에는 한때 100만 명의 목숨을 앗아간 대기근이 있었는데, 그 후 250만 명이 미국으로 건너갔다고 합니다. (『진기한 야채의 역사』, 빌 로스 지음, 김소정 옮김, 눈과 마음, 2005년)

감자의 휴면성

감자는 수확한 직후에 다시 심으면 싹이 나지 않습니다. 감자에 '휴면'이라는 특이한 현상이 있기 때문이죠. 수확 후 일정 기간이 지나야 싹을 만드는 능력이 생깁니다. 감자의 종류에 따라 다르고 보관 온도에 따라 다르지만 보통 우리가 많이 심는 수미, 두백, 남작 등은 90~120일 정도가 지나야 싹을 틔웁니다. 휴면이라는 특성은 감자 보관을 수월하게 해줍니다. 수확하여 박스에 담아두고 베란다나 어두한 곳에 넣어두면 겨울이나 봄이 되어야 싹이 돋아나지요.

밭 준비

감자는 물 빠짐이 좋고, 햇볕을 잘 받으며, 모래성분이 많은 밭을 골라 심는 것이 중요합니다. 퇴비를 1m²당 3kg 정도와 깻묵 2컵(400g)을 넣고 밭을 일구고 두둑 간의 간격이 80~120cm, 두둑의

감자 심을 두둑을 만든 모습

높이 30cm 정도, 두둑의 바닥 너비 40~70cm 정도로 만들어둡니
다. 두둑의 폭이 좁은 곳은 1줄로 심고 좀 넓게 만든 곳은 2줄로
심습니다.

종자용 감자 준비

3월에 종묘상이나 인터넷을 통해 검색해보고 씨감자를 준비합니
다. 작년에 수확하여 먹다 남아 싹이 돋아난 감자를 심어도 되지만
바이러스 감염이라든지 수확량 문제를 고려하여 되도록 씨감자를

냥이와 함께 감자를 심자!

밭 준비하기

밭은 물빠짐이 좋고 햇볕을 잘 받아야 합니다.

30cm

40~70cm

80~120cm

두둑간의 간격은 80~120cm, 두둑의 높이는 30cm,
두둑 바닥의 넓이는 40~70cm가 적당해요.

감자는 모래성분의
밭에 심는 것이
좋습니다.

퇴비 ➕ 깻묵

1m²당 퇴비는 3kg 정도,
깻묵은 2컵(400g)정도 넣어 일구어 주세요

구입해서 심는 게 좋습니다. 대지, 남작, 조풍, 수미 등의 종자가 있지만 초보자가 큰 감자를 수확하려면 수미가 가장 좋습니다. 여러 명이 씨감자 1박스를 구입해서 나누어 심어도 좋지요. 건강한 씨감자는 박스를 열어보았을 때 곰팡이라든지 변색된 감자가 없고 씨알의 크기가 일정하게 굵직하고, 눈에는 싹이 2~3mm 정도 돋아나 있는 것입니다. 싹이 너무 길게 자라버린 씨감자는 피하도록 합니다.

씨감자 절단하기

씨감자가 준비되면 파종하기 3~4일 전에 소독한 칼로(냄비나 솥에 넣고 끓여서 소독) 씨감자를 절단합니다. 크기가 큰 것은 4쪽으로, 작은 것은 2쪽으로, 보다 작은 것은 통으로 심습니다. 절단된 조각이 최소한 30g 이상이 되도록 하며, 눈이 고루 분포하는 구성으로 잘

씨감자 절단하는 모습

씨감자 절단 후 말리는 모습

감자 심는 모습

라야 합니다. 절단한 감자는 서늘한 그늘에 3~4일 상처를 아물게 한 다음 심도록 합니다. 규모가 작은 밭의 경우에는 말리고 관리하는 것도 쉽지 않으므로 심기 전에 절단하여 바로 심어도 좋습니다.

감자 심기

만들어둔 두둑의 중간에 25~30cm 간격에 9~12cm 깊이로 절단면이 아래로 가게 하나씩 심습니다. 새로운 감자는 씨감자 위에서 생겨 자라므로 너무 얕게 심으면 감자가 노출되어 색깔이 파란 감자가 된답니다. 반대로 너무 깊게 심으면 심는 데 시간이 많이 걸리고 싹이 돋아나는 데도 시간이 걸립니다. 또 감자를 수확할 때도 깊이 파야 하는 어려움이 따르죠.

감자 자라는 모습

3월 말에 파종한 감자는 20일 정도 지나면 싹을 틔웁니다. 일찍 싹을 내미는 것은 20일 정도, 늦게 나오는 싹은 30일 정도 지나야 합니다. 일찍 파종한 감자 싹은 늦서리에 얼어버리는 경우도 종종 있습니다. 그래도 다른 눈에서 싹이 나므로 크게 걱정하지 않아도 됩니다. 5월 말이 되면 비로소 감자꽃이 피기 시작합니다. 홍감자에서는 약간 보라색을 띠는 꽃이 피고, 보통의 감자(수미)에서는 흰색 꽃이 핍니다.

파종 2개월 만에 핀 감자(수미) 꽃

홍감자 꽃

파종 3주 된 홍감자 싹

파종 4주 된 수미감자 싹

파종 1개월 된 밭 모습

파종 2개월 된 밭 모습

관리 요령

싹 제거하기 : **씨감자에 눈이 많을 때는 감자 싹이 많이 돋아납니다. 줄기가 많으면 감자가 많이 달리게 되어 작은 감자로 자랍니다. 감자를 크게 키워야 할 필요가 있을 때는 실한 감자 싹을 1~2개만 남기고 나머지는 제거해주는 것이 좋습니다. 그러나 조림용**

작은 감자를 수확하고자 할 때는 3~4개의 싹을 키우면 됩니다. 감자 싹을 제거할 때는 줄기를 잡고 뽑으면 아직 뿌리를 잡지 못한 씨감자가 뽑히는 수가 있으므로 손으로 전체 포기를 눌러주면서 제거하고자 하는 줄기만 조심스레 뽑아줍니다.

북주기 : 감자가 자라면서 얕게 묻힌 감자가 땅 위로 드러나 햇빛을 보게 되면 파랗게 변하는 경우가 있습니다. 이 현상을 막으려면 고랑으로 쏠려 내려간 흙을 두둑 위로 올려주는 북주기가 필요합니다. 북주기는 비바람에 감자줄기가 쓰러지지 않도록 지지해 주는 역할도 합니다.

감자밭 풀 관리 : 감자밭에 돋아나는 풀은 5월 초순에 한 번 정도 정리해주면 좋습니다. 이후에는 감자가 자라면서 그늘을 만들어 풀이 덜 나는 환경이 됩니다.

수확

하지가 가까워지면 땅속의 감자가 자라면서 밭 흙을 밀어내 쩍쩍 갈라지는 모습이 보입니다. 이맘때쯤이면 땅이 많이 갈라진 곳이나, 약간씩 말라가는 줄기 밑의 감자를 캐서 맛볼 수 있지요. 6월 말에서 7월 초 사이 모두 캐내면 됩니다. 되도록 날씨가 좋은 날 수확하여 그늘에 3일 정도 말린 다음 보관하는 것이 좋습니다.

6월 중순 감자 밭이 갈라지는 모습

5월 말 감자 수확

감자 달린 모습

감자(수미) 수확한 모습

감자 재배 주의사항

감자 싹이 잘리는 현상 : 감자가 싹이 돋아나 잘 자라고 있다가 갑자기 넘어져 말라가기도 합니다. 거세미나방애벌레가 줄기를 갉아먹어 생기는 현상이죠. 염려할 정도의 피해는 입히지 않습니다.

왕무당벌레붙이 : 감자잎이 어느 정도 자라는 5월로 접어들면 왕

227

무당벌레붙이(28점박이무당벌레)가 나타나 잎을 먹습니다. 개체수가 너무 많지 않으면 그다지 피해를 주지 않습니다. 그러나 다음 해 개체수 증가를 막으려면 보이는 대로 잡는 것이 유리합니다.

상한 감자 : 수확 시기를 놓쳐서 장마철에 감자를 수확하면 흰점이 많이 보이는 감자를 캐게 됩니다. 캘 때부터 조금 상한 것도 있고, 그냥 흰점만 많은 것도 있어요. 이런 감자는 수확 후 바로 이용하는 것이 좋습니다. 보관하면 거의 상해버리거든요.

감자에 좋은 퇴비 : 예로부터 감자를 심으려는 곳에는 꼭 나뭇재를 넣었어요. 나뭇재가 감자에 좋다는 것을 알았기 때문이지요. 나뭇재에는 칼리(칼륨)성분이 많이 들어 있어서 땅속에서 열매를 키우는 감자, 고구마 등에 아주 좋은 유기질비료가 됩니다.

왕무당벌레붙이

장마철 지난 후 수확한 감자

고구마 (메꽃과 뿌리채소)

- 원 산 지 : 중·남아메리카
- 모종심기 : 5월 초순 ~ 6월 초순
- 수　　확 : 9월 말 ~ 10월 초
- 난 이 도 : 중
- 연작장해 : 있음(비교적 연작에 강함)
- 특　　징 : 물 빠짐이 좋은 밭 선정
　　　　　 햇빛을 좋아함
　　　　　 따뜻한 기후를 좋아함

　고구마는 따뜻한 기후를 좋아하는 식물입니다. 수확은 서리가 내리기 전에 반드시 마쳐야 합니다. 수확이 늦어지면 냉해를 입어 보관 중인 고구마가 상하는 경우가 발생합니다. 오래 두고 고구마를 먹으려면 기온이 13℃ 이상에서 보관해야 합니다. 수확 시기는 아주 심은 후 120일(4개월)에서 150일(5개월) 사이가 적당합니다.

밭 준비하기

　물 빠짐이 특히 좋아야 하며 통기성이 우수한 밭을 골라 고구마를 심어야 합니다. 고구마 심을 밭에 퇴비가 많으면 고구마 줄기만 무성하게 자라고 고구마가 들지 않을 수도 있습니다. 그래서 퇴비는 1m²당 2kg 정도를 넣으면 됩니다. 작년에 배추나 무를 기른 밭이면 별도로 퇴비를 넣지 않아도 됩니다.

냥이와 함께 고구마를 심자!

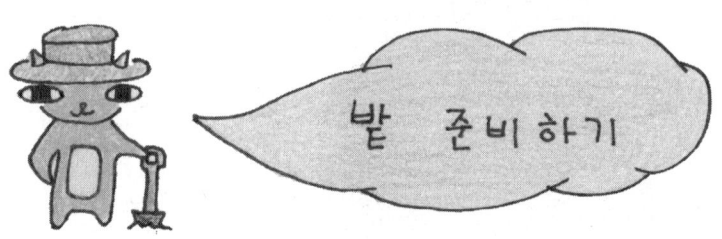

밭 준비하기

밭은 물 빠짐과 통기성이 좋아야 한다.

두둑을 만들고 심어야 크고 많은 고구마를 재배할 수 있어요.

퇴비는 많이넣지 말아야합니다.

작년에 무나 배추를 키웠다면
퇴비를 넣지 않아도 됩니다.

두둑에 고구마 심은 모습

두둑을 만들지 않고 그냥 지표면에 모종을 심어도 고구마가 달리지만 두둑을 만든 곳보다는 고구마도 작고 양도 많지 않습니다. 그래서 힘들더라도 꼭 두둑을 만들고 고구마를 심는 것입니다.

모종 구입하기

5월 상·중순에 지역의 전통 5일장이나, 종묘상에 들리면 고구마 순을 구입할 수 있습니다. 종류는 호박고구마, 밤고구마, 자색고구마 등 요사이는 종류도 많습니다. 기르고 싶은 종류의 고구마 순을 구입하면 됩니다. 보통 한 단에 100개의 모종이 묶여 있습니다. 고구

전통 5일장의 고구마 순 파는 모습

마 순 길이가 30cm 정도이고 줄기가 굵고 마디수가 7마디 이상이
좋은 모종입니다. 마디 사이는 간격이 짧은 것이 좋으며, 잎은 윤기
가 나며 지나치게 시들지 않는 것을 고르도록 합니다.

일찍 심은 고구마줄기 끊어 심기

시장에 나오는 고구마 모종을 일찍 4월 말이나 5월 초에 심으면,
6월에는 줄기가 자라 뻗어나기 시작합니다. 비 온 뒤에 이들 줄기를
잘라 보충용 또는 새로운 밭에 심어도 잘 자랍니다.

심는 요령

모종이 짧으면 대각선 방향으로 밭에 꽂아 넣는 방식을 사용하고 조금 더 긴 모종은 휘어서 땅에 묻어주면 됩니다. 그보다 더 긴 모종은 땅에 묻히는 부분이 반달 모양이 되게 심으면 됩니다. 보통은 심을 자리에 물을 흠뻑 뿌리고 나무막대 등으로 비스듬하게 찔러 미리 구멍을 내고 그 사이에 고구마 순을 7cm 정도 찔러 넣고 흙을 눌러주면 됩니다. 이때 고구마 순에 붙어 있는 잎이 흙에 덮이지 않게 바깥으로 잘 내어주는 것이 요령입니다. 큼지막한 고구마를 수확하려면 간격을 40cm 정도로 좀 넓게 유지하고, 군고구마용

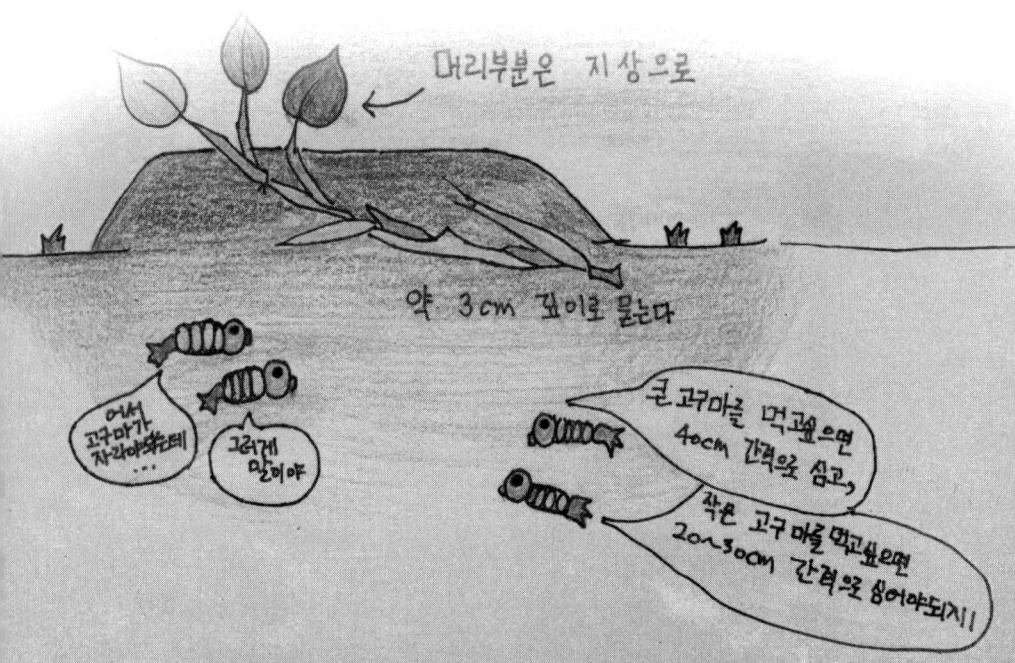

제대로 자리를 잡은 고구마 줄기

7월 말 고구마 자라는 모습

8월 중순 고구마 밭

7월 중순 고구마 꽃

의 조금 작은 고구마를 원하면 20~30cm 간격으로 심으면 됩니다.

고구마 자라는 모습

모종을 심은 지 2주가 지나면 뿌리가 제대로 자리를 잡고 성장을 시작합니다. 고구마가 잘 자라는 시기가 되면 우리나라의 기후는 대체로 비가 많이 오는 시기가 되면서 풀들이 고구마와 같이 자라게 됩니다. 고구마를 조금 일찍 심은 해에 햇빛을 아주 많이 보게 되면 꽃을 보여줍니다. 고구마 꽃은 보기가 쉽지 않습니다. 그런데 고구마 꽃을 한 번 보고 나면 고구마가 왜 메꽃과 식물인지 이해하게 됩니다. 꽃이 메꽃과 아주 비슷하게 생겼거든요.

고구마 관리 요령

비 오는 날이나, 비 오기 직전에 심는 경우 뿌리가 잘 내리고 빨리 활기를 되찾습니다.

심은 모종 생사여부 확인 : 모종을 심고 3~4일 후 고구마 모종이 생기를 찾고 모종의 생장점 부근이 하늘을 향하고 있으면 잘 자랄 모종입니다. 그렇지 않고 고개를 들지 못하고 축 처져 있으면 며

7월 중순 고구마 밭의 풀

8월 초 고구마 밭의 풀

칠 내로 말라 죽을 모종이 됩니다. 남은 모종을 귀퉁이에 심어두고 물을 주어 가식해두면 이를 뽑아다 죽은 모종 자리에 다시 심을 수 있습니다.

고구마 밭 풀 관리 : 고구마의 성장이 풀이 자라는 속도를 이기지 못하면 풀 속에 묻히게 되어 고구마가 성장을 못합니다. 풀이 우거지기 시작하면 풀을 정리하여 고구마 잎사귀가 햇빛을 볼 수 있도록 해줍니다. 고구마는 풀을 관리하는 것이 아주 힘든 작물입니다. 그래서 풀이 덜 나게 하려면 짚이나, 낙엽 등으로 두둑과 고랑을 덮어두면 풀이 덜 나는 효과를 볼 수 있습니다. 주변에서는 풀 문제로 아예 시판하는 비닐이나, 부직포 등으로 밭을 덮는 경우도 있지요.

수확

추석이 가까워지면 땅속의 고구마가 굵어지면서 주변의 밭 흙을 밀어내 두둑에 금이 가는 모습이 보입니다. 땅이 많이 갈라진 곳의 고구마는 캐서 맛볼 수 있을 정도로 자라 있습니다. 그러다 10월 초에 모두 수확하면 됩니다. 서리가 내리기 전에 수확을 마쳐야 합니다. 캐낸 고구마는 그늘에 잘 말려 캐낼 때 긁힌 자국이 아물면 자루에 담아 보관하는 것이 좋습니다.

수확 준비 : 고구마는 땅 위로 뻗은 줄기를 모두 걷어내고 두둑이

노출되게 하여 수확해야 수월합니다. 이때 고구마 줄기를 수확하여 겉껍질을 벗기고 나물로 먹거나 살짝 데쳐 말려두었다 겨울에 고구마 줄거리 나물로 먹으면 됩니다. 조금만 부지런하면 버릴 게 하나 없는 작물이 바로 고구마입니다.

고구마 캐기 : 호미로 하나씩 상처가 나지 않게 캐내면 됩니다.

보관

고구마는 수확 후 바로 먹으면 단맛이 덜합니다. 1개월 정도 잘 보관했다가 먹어야 단맛이 제대로 든 고구마를 먹을 수 있습니다. 수확한 고구마를 그늘에 2~3일 정도 말린 다음 종이로 된 포대(사료 포대나, 쌀 포대)에 담아 보관하면 좋습니다. 1개월 정도 지난 고구마는 보통의 자루(마대자루)나 박스에 담아 기온이 13℃ 이하로 떨어지지 않는 곳에 보관하면 두고두고 고구마를 즐길 수 있습니다.

고추 (가지과 열매채소)

- 원 산 지 : 아메리카대륙의 열대지역
- 모종심기 : 4월 하순 ~ 5월 상순
- 수   확 : 6월 하순 ~ 10월 상순
- 난 이 도 : 상
- 연작장해 : 있음
- 특   징 : 따뜻한 기후를 좋아함
             10℃ 이하 성장 정지
             여러해살이식물

　　고추는 열대성 식물로 늦봄부터 여름에 걸쳐 재배하는 대표적인 열매채소입니다. 따라서 지역의 특성에 맞춰 늦서리가 내리는 시기를 완전히 피할 수 있을 때 심어야 합니다. 원산지에서는 여러해살이풀이지만 우리나라에서는 겨울을 나지 못하므로 한해살이식물처럼 기릅니다.

모종 준비

　　고추 모종은 지역의 전통 5일장이나, 주변의 종묘상에서 많이 판매합니다. 매운 고추를 좋아하면 매운 고추 모종을 준비하고 덜 매운 고추를 좋아하면 조금 덜 매운 고추 모종을 준비하면 됩니다. 요즘에는 아삭이고추, 청량고추 등의 품종도 많이 나옵니다. 기르고 싶고 먹고 싶은 고추 종류를 선택하면 됩니다.

전통 5일장에 나온 고추 모종

밭 준비 및 모종 심기

고추는 퇴비를 많이 넣고 기르는 것이 좋아요. 퇴비를 1m²당 5kg, 깻묵 5컵(1kg)을 넣고 밭을 일군 다음 두둑 간격을 80~120cm, 높이 30cm, 바닥 너비 40~50cm로 만듭니다. 모종은 밭 준비 후 1~2주 뒤가 좋습니다. 이때 두둑을 호미로 조금 파고, 포트 안에 있을 때 흙에 잠긴 만큼 묻히게 심습니다. 모종 심는 간격은 40cm 이상을 유지하는 게 적당합니다. 모종이 작다고 20~30cm로 촘촘하게 심으면 너무 우거져서 관리도 어렵고 연약해지거든요.

고추 자라는 모습

고추는 날씨가 따뜻해지는 5월 말이 되면 하루가 다르게 성장합니다. 아주 심은 지 20일 정도가 지나면 고추 줄기 위에 새로운 가지가 생기고 가지 사이에서 꽃이 피고 열매가 달리기 시작합니다. 줄기의 아래 부분에는 새로운 곁가지가 생겨서 자라기도 합니다.

아주심기한 지 10일 된 고추

아주심기한 지 25일 된 고추

7월 말의 고추 밭

고추가 익어가는 모습

241

첫 고추 및 곁가지 제거하기

첫 고추 따주기 : 맨 처음으로 열리는 고추를 일찍 따주면 열매를 키우는 대신 줄기의 성장에 도움이 됩니다. 조기에 첫 고추를 따주면 나무가 충실하게 자랍니다. 그런데 풋고추를 이용하는 수준의 텃밭에서는 그냥 두었다가 조금 일찍 수확하면 됩니다.

곁가지 제거하기 : 2~3갈래로 갈라지는 첫 번째 줄기 아래에서 생기는 새로운 줄기를 곁가지라 부릅니다. 이 곁가지를 따주는 것이 좋습니다. 아래 부분이 우거지면 공기의 소통도 잘 안 되고 관리하는 데도 어렵거든요. 일일이 따주는 것이 번거로

아랫부분의 가지를 제거한다

고추의 처음 줄 매기

고추의 두 번째 줄 매기

울 때는 장갑을 끼고 죽 훑어주면 한꺼번에 제거할 수 있어요. 제거한 후 3주 정도 지나면 또 곁가지가 생깁니다. 그래서 고추를 기를 때는 적어도 2~3번 곁가지를 제거해주어야 합니다.

줄 매기

고추가 자라 열매를 맺고 줄기를 키우면 무게가 점차 증가하기 시작하면서 옆으로 쓰러지려고 합니다. 이때 비가 조금 오고 바람이 불면 고추가 쓰러지게 되지요. 이런 사고를 방지하려면 고추 옆에 말목을 박아 묶어주거나 고추 2~3포기 사이에 말목을 박아 줄로 고정시켜야 합니다. 아주 심고 1개월 정도 비바람에 시달리게 놓아두면서 뿌리의 발달을 촉진시킨 후 줄 매기를 해주는 것이 좋습니다.

웃거름 주기 및 풀 정리

고추는 봄에 심어 가을까지 밭에서 열매를 맺게 됩니다. 밑거름으로만 기르기에는 부족합니다. 그래서 아주 심은 지 2개월 정도 지난 후 웃거름을 한 차례 줍니다. 웃거름은 고추포기에서 15cm 정도 떨어진 곳의 두둑을 호미로 10cm 정도 파내고 그 안에 거름을 한두 주먹 넣고 흙을 살짝 덮어주면 됩니다.

고추를 심고 6주가 지나면 본격적으로 풀이 자라기 시작합니다. 처음에는 별것 아닌 것처럼 보이던 풀들이 자라 우거지고 엉기기 시작하면서 고추를 덮어버리지요. 이렇게 되기 전에 풀을 정리해주면 됩니다. 고추가 우거지면 바닥에 그늘이 생기면서 풀들이 잘 성장하지 못합니다. 고추가 자라기 전에 풀이 먼저 자라는 게 문제지요. 그러니까 반대로 고추가 우거지면 풀들이 잘 자라지 못하겠죠?

짚을 덮지 않은 고추 밭의 모습

짚으로 덮은 고추 밭 모습

수확

고추는 아주 심고 4~5주가 지나면 풋고추를 수확할 수 있습니다. 풋고추를 목적으로 하는 몇 포기의 고추는 수시로 필요할 때마다 이용하면 됩니다.

자주 보이는 벌레

진딧물 : 고추에도 가끔은 진딧물이 붙어 있는 모습이 보입니다. 아주심기가 끝난 후 유난히 뿌리의 활착이 늦고 비실비실한 포기를 자세히 들여다보면 고추의 상부에 진딧물이 까맣게 붙어 있는 경우가 있지요. 이런 포기는 뽑아서 묻거나 멀리 버려야 합니다.

노린재 : 고추가 자라는 초기부터 보이는 벌레가 있습니다. 노린재라고 하는 벌레인데 아직까지 뚜렷한 천적이나 처리 방안이 없어 시간이 나는 대로 손으로 잡거나, 통을 고추 아래에 대고 고추줄기를 흔들어 통에 모아 땅에 묻어주는 방법으로 숫자를 줄여줍니다. 엄청나게 붙어 있는 노린재가 고추줄기의 즙액을 빨아먹으니 고추나무가 부실하게 되고 병에도 약해집니다.

나방의 애벌레 : 고추를 파고들어가 피해를 입히는 애벌레들이 있습니다. 고추에 구멍이 뚫리는 초기에는 겉으로 아무 표시가 나지 않지만 시간이 지나고 비라도 와서 물이 들어가면 금세 짓물러진 모습으로 변하게 됩니다.

고춧잎 뒷면에 붙은 노린재 알

7월 말 고추에 붙은 노린재

고추의 담배거세미나방 애벌레

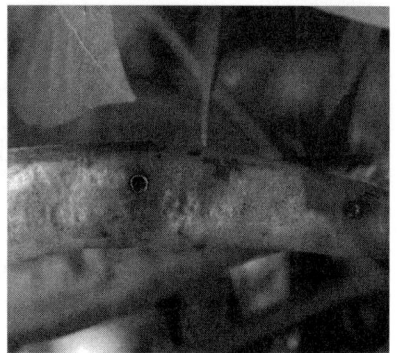

고추에 구멍을 내어 짓무른 모습

자주 발생하는 병

고추에 발생하는 대표적인 병으로는 역병과 탄저병을 들 수 있습니다. 탄저병은 고추열매에 발생하는 병으로 한번 발병하면 걷잡을수 없을 정도로 급속하게 번지는 특징이 있습니다. 장마가 오기 전에 고추열매에 비슷한 증상이 오면 칼슘 부족으로 나타나는 증상

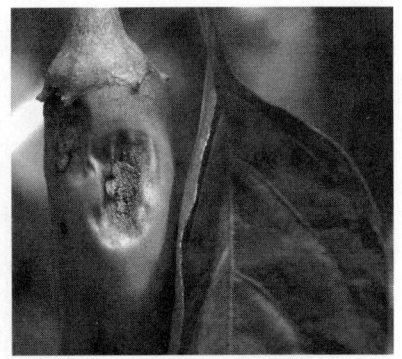

고추의 역병 증상이 나타나는 모습   탄저병이 진행 중인 고추

이라고 보면 됩니다. 이런 경우에는 천일염을 고추포기 사이에 조금 뿌려주면 많이 완화됩니다. 고추 역병은 가지가 갈라지는 부분에서 발병합니다. 발병하면 줄기의 갈라지는 부분이 말라가면서 위로 가는 물관이 말라 고추줄기가 서서히 말라가는 증상을 보입니다.

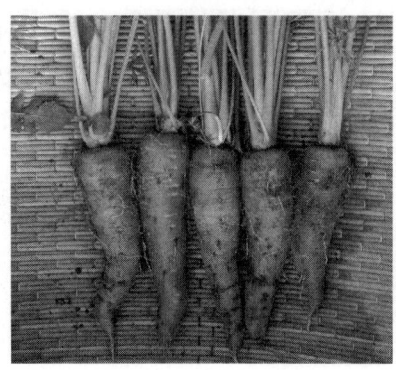

당근(미나리과 뿌리채소)

- 원 산 지 : 인도
- 파종시기 : 봄 3월 말 ~ 4월 중순
  가을 7월 말 ~ 8월 중순
- 수   확 : 장마 전, 얼음이 어는 시기
- 난 이 도 : 중
- 연작장해 : 없음
- 특   징 : 서늘한 기후를 좋아함
  30℃ 이상 싹트기 어려움
  고온(28℃ 이상)에서 재배불가

여름인 7월 초순 이전에 반드시 수확을 마쳐야 합니다. 당근은 수확 적기에 미치지 못한 작은 뿌리라도 수확해서 이용할 수 있습니다. 당근의 연한 잎과 줄기는 셀러리와 미나리를 조합한 맛이 나므로 수시로 뜯어 된장에 찍어 먹으면 좋습니다. 당근은 대표적인 녹황색 채소로 카로틴 함유량이 많아 피부를 아름답게 유지하거나 노화를 방지하고, 암의 발생이나 암세포의 증식을 억제하는 데 효과적입니다. 카로틴은 인체 내에서 생성되지 않으므로 반드시 외부의 녹황색 또는 적황색(호박) 채소를 통하여 섭취해야 합니다.

파종 준비

파종하기 1~2주 전에 1m²당 퇴비 3kg과 깻묵을 2컵(400g) 넣고 밭을 일구어 두둑의 폭이 1m, 높이가 15cm 정도 되게 준비합니다.

씨앗 준비

뿌리 길이가 15cm를 기준으로 그것보다 작으면 소형종이고, 이보다 크면 대형종으로 구분합니다. 많이 재배하는 종류의 당근이 5촌 또는 5치(15cm) 당근입니다. 당근 종자는 유효기간이 짧으므로 포장지에 있는 유효기간을 반드시 확인하는 편이 좋습니다. 유효기간이 지난 당근 씨앗은 발아력이 감소하므로 주의해야 합니다.

재배 시기	종자의 특징	주의사항
봄 시기	조생종, 내서성	7월 중순 무더위 전에 수확 가능 품종 선택
가을 시기	중생종, 내서성	초기성장이 무더위에 견디는 품종 선택

재배 시기별 종자를 선정할 때 주의할 점

밭 준비 및 파종

준비된 밭에 30~40cm 정도의 간격으로 뿌림골을 만들어 파종하면 됩니다. 호미로 밭 흙을 살짝 긁어내고 1~2cm 간격에 씨앗이 하나씩 놓이게 줄뿌림합니다. 파종 후 흙덮기는 5mm 정도로 하고, 파종이 끝나면 물을 흠뻑 뿌려주고 마무리합니다. 당근은 발아하는 데 수분이 많이 필요하므로 파종 후 마르지 않게 밭을 관리하는 것이 요령입니다. 아래의 표를 참조하여 당근을 기르면 많은 도움이 될 거예요. 특히, 텃밭을 처음 해보는 청소년 농부 여러분에게는 유익한 정보가 될 터이니 참고하기 바랍니다.

구분	8℃	11℃	18℃	25℃	30℃
싹 트기 시작	25일	16일	8일	6일	5일
싹 트기 종료	41일	23일	17일	11일	8일
발아율	58%	56%	60%	52%	54%

기온과 싹 트는 기간 및 발아율 비교(출처 : 당근재배기술-농업진흥청)

자라는 모습

봄에 파종한 당근은 자람에 따라 솎아주기를 잘 해주어야 합니다. 6월 말이면 무더운 장마가 시작되어 조밀하게 자라는 부분의 아래 줄기가 상하는 것이 생기기도 합니다. 그러므로 당근이 생각보다 조금 덜 자라도 장마철이 시작되기 전에 수확하는 것이 좋습니다.

가을에 재배하는 당근이 수월하고 충실한 뿌리로 키울 수 있습니다. 수확한 당근을 아이스박스에 담아 베란다에 두면 수시로 꺼

당근 싹 트는 모습

파종 4주 된 당근 모습

파종 4주 된 당근 밭 모습

파종 5주 된 당근 밭 모습

파종 8주 된 당근 밭

파종 11주(75일) 된 당근

내서 이용할 수 있습니다. 씨앗을 뿌리고 2주 지나면 본잎이 자랍니다. 4주가 지나면 본잎이 3~4매로 늘어나고 키가 7cm쯤 자랍니다. 봄, 가을 재배를 막론하고 파종 4~5주 되는 시기가 당근이 좋아하는 기온이 됩니다.

솎아주기

당근은 다른 채소에 비하여 솎아내기가 아주 중요한 채소입니다. 솎아내기를 놓치거나 방치하게 되면 볼품없는 당근이 되거나, 날씨가 무더울 때는 줄기가 상해버리기도 합니다. 5촌(5치) 당근의 경우 적당한 솎아주기는 아래 사항을 참고하면 됩니다.

- 1회 : 본잎 2~3매 때 포기 사이 4~5cm 이상
- 2회 : 본잎 4~5매 때 포기 사이 7~10cm 이상
- 3회 : 본잎 6~7매 때 포기 사이 12cm 이상

오른쪽의 사진은 솎아내기를 과감하게 하지 못하고 망설이는 밭의 모습입니다. 이럴 때 포기 사이의 당근을 1~2개 더 솎아내야 해요.

수확

파종 11주(75일)가 지나면 당근잎이 아래로 쳐지기 시작합니다. 그러면 줄기가 잘 자란 포기를 뽑아 이용하면 됩니다. 좀 작아도 아삭거리는 맛이 각별하므로 이후부터 수시로 수확하면 좋아요. 이보다 2~3주 더 지나 파종 후 13~15주(90~110일)가 되면 모두 수확해도 좋습니다. 당근의 수확 적기를 판단하기 어려우면 뿌리와 줄기가 나누어지는 부분(당근의 뿌리가 시작되는 부분 : 당근의 어깨로 표현)을

포기 사이를 더 넓혀야 하는 당근   간격이 8cm 이상 되어야 하는 당근

관찰해보면 됩니다. 당근의 어깨가 떡 벌어지면 수확 적기랍니다.

웃거름 주기 및 풀 대책

당근은 파종에서 수확까지 3~4개월 걸립니다. 파종 후 6~7주쯤
에는 성장이 빨라지고요. 이때 밭의 풀을 정리하면서 뿌림골의 중
간을 호미로 조금 긁어내고 퇴비와 깻묵을 넣고 흙을 덮어주면 성
장에 도움이 됩니다. 가을 파종 당근 밭은 파종한 후 3~4주 되는
시기에 꼼꼼하게 풀을 정리해주어야 합니다.

당근 재배 주의사항

당근은 봄, 가을에 한 번씩 재배가 가능합니다. 파종 후 돋아나는
풀을 초기에 한 번 잘 정리해주면 됩니다. 봄 재배는 무더위를 대비

파종 12주(82일) 된 당근

당근의 어깨가 넓어지면 수확 적기

뿌림골 사이에 웃거름을 준 모습

가을 파종 당근 밭의 풀

하여 반드시 포기 사이의 간격을 넓혀주어 바람이 잘 통하게 길러야 합니다. 당근은 벌레, 병 등에 아주 강한 채소입니다.

대파 _(백합과 잎줄기채소)

- 원 산 지 : 중국의 서부
- 모종심기 : 5월 중순 ~ 6월 중순
- 수   확 : 9월 이후 수시로
- 난 이 도 : 중
- 연작장해 : 있음
- 특   징 : 물 빠짐이 좋은 곳에 재배
        우리나라 전역에 재배가능
        여러해살이식물

대파는 모종을 심기만 하면 수확하여 이용할 수 있습니다. 밭이 비옥하지 않아도 어느 정도 자라고, 작은 파일 때 수확하면 밭에 오래 두지 않아도 됩니다. 모종을 구해서 심어두면 수시로 이용할 수 있는 채소이죠. 파는 물이 잘 빠지지 않으면 줄기 부분이 짓물러지는 증상을 보이기도 하고 일부는 상하여 못 쓰게 됩니다. 그래서 물이 잘 빠지는 밭을 골라야 하죠. 그렇지 않으면 고랑을 잘 만들어 물 빠짐이 잘 되게 해야 합니다. 특히, 월동 후 봄에 물이 잘 빠지지 않으면 얼었다 녹았다 하면서 줄기 부분이 상하는 경우가 생깁니다.

모종 구하기

2007년 이전에는 포트에 대파 모종을 길러 판매하는 곳이 거의 없었습니다. 그런데 요사이는 포트에 모종을 길러 종묘상에서 판매

대파 포트 모종

모종을 묶음으로 판매하는 모습

합니다. 그리고 전통 5일장에 들러보면 대파 모종용 파를 뽑아 단으로 묶어서 판매하는 곳이 더러 있습니다. 이런 곳에서 모종을 구입해 심으면 편리합니다. 모종은 5월 말부터 6월 중순까지 많이 나옵니다. 포트에 모종을 길러 판매하는 종묘상에 가면 4월부터 6월까지 수시로 대파 모종을 구할 수 있습니다.

대파 밭 만들기 및 심기

대파는 거름 기운이 좋은 곳에서 잘 자라므로 아주심기 1~2주 전에 퇴비를 1m²당 3kg 정도, 깻묵을 4컵(800g) 넣고 밭을 일굽니다. 밭은 너비 1m, 높이 20cm 정도면 적당합니다. 일구어둔 밭에 12cm 정도의 깊이로 호미를 이용하여 흙을 파내고 대파를 하나씩 세운 다음 흙을 덮어줍니다. 이때 모종의 크기가 비슷한 것을 모아

대파 모종 아주 심는 모습   수확하면 심을 때 상황이 나타남

심는 것이 좋습니다. 작은 모종과 함께 심으면 큰 모종의 파가 많이 자라는 틈에서 작은 모종의 파는 잘 자라지 못하거든요. 어린 파를 수확할 목적으로 심는 경우라면 줄 간격 25cm 정도에 모종 간의 간격은 4~5cm로 하고, 대파를 수확할 목적으로 할 때는 35~40cm 의 줄 간격에 모종 간격 8~12cm로 심으면 됩니다. 옮겨심기가 끝나면 물을 흠뻑 뿌려주어 뿌리가 빨리 자리 잡도록 도와주면 됩니다.

 대파 모종은 되도록 곧게 심는 게 좋습니다. 그런데 심다가 보면 누워 있게 되어 곧추 세우기가 여간 어렵지 않습니다. 하지만 걱정 마세요! 비스듬하게 심어도 잘 자라니까요. 나중에 대파를 수확해 보면 세워서 심은 모종이 곧게 자라서 수확하여 이용하거나 다듬을 때 편하답니다. 정성들여 조금 세운 것은 줄기 부분이 곧게 나타나고, 비스듬하게 누워서 자란 파는 줄기가 구부러진 모습이 됩니다.

대파 자라는 모습

아주심기가 끝나고 나면 파는 축 처진 모습으로 2주 정도를 보내면서 서서히 줄기가 세워지고, 잎도 생기를 띠게 됩니다. 봄 가뭄이 심할 때 밭에 자주 들러 물을 주다 보면 장마철이 오게 됩니다. 장마가 걷히고 나면 몰라보게 성장한 파를 만나게 됩니다. 8월

아주 심은 지 3일 지난 대파

아주 심은 지 2주 지난 대파

아주 심은 지 10주 지난 대파

월동 후 3월 초의 대파 모습

258

이 되면 복잡한 부분의 파를 하나씩 솎아가면서 수확해도 될 만큼 자랍니다.

수확을 모두 하지 말고 일부를 남겨 겨울 추위를 견디게 하면 이른 봄 싱싱하게 자라는 대파를 볼 수 있습니다. 겨울을 나고 봄에 수확한 파의 향기는 가을에 느끼는 향기와 색다른 맛을 줍니다. 월동 후 봄에 몇 포기를 남겨두면 꽃을 피우고 씨앗을 얻을 수 있습니다. 대파를 계속 밭에 남겨두면 포기가 늘어나는 모습을 볼 수 있어요.

대파의 자연 증식

대파를 월동시켜 계속해서 재배하다 보면 파 하나에 여러 개의 뿌리가 엉겨 있는 것처럼 늘어납니다. 아주심기를 해서 오래된 파

여러 개로 나눠진 대파 모습 8월 말

씨앗이 떨어져 자라는 파 8월 말

는 많게는 16개, 적게는 2개 정도로 뿌리가 늘어나는 것을 관찰할 수 있습니다. 이렇게 늘어난 뿌리를 나누어서 옮겨 심으면 새로운 파로 기를 수 있지요. 파를 기르다 보면 씨앗이 자연히 떨어지곤 하는데, 종종 떨어진 씨앗에서 파가 자라납니다. 이렇게 대파의 밑동 근처에서 자라는 파를 좋은 자리에 옮겨주면 이듬해에는 아주 실한 대파로 자랍니다.

대파 관리

대파를 기르다 보면 봄에 일찍 돋아나는 꽃봉오리를 따주어야 튼

대파의 꽃망울이 보이면 일찍 따준다

260

대파 밭에 돋아나는 풀 7월 중순　　　풀 정리 및 북주기 작업한 모습

실한 봄 파를 수확할 수 있습니다. 수시로 풀을 정리하고 잘 자라는 시기에 웃거름을 주어야 합니다.

북주기 : 대파는 줄기가 하얗게 자라는 부분이 길수록 이용하는 데 좋습니다. 그래서 주변의 흙을 긁어모아 줄기를 계속 덮어주면 흰 줄기 부분이 늘어납니다. 그리고 여름 태풍에 쓰러지는 대파의 수량도 줄일 수 있습니다.

꽃 따주기 : 월동 후 대파는 꽃망울이 맺히기 시작합니다. 작은 상태의 꽃망울일 때 빨리 따주어 줄기와 잎이 잘 자라게 해야 합니다. 그냥 두면 어린포기도 꽃을 키우느라 제대로 자라지 못하죠.

웃거름 주기 : 대파는 자라는 기간이 길어서 밑거름만으로는 불충분합니다. 그래서 잘 자라는 시기에 웃거름을 주어 영양분이 부족하지 않게 해주는 것이 좋습니다. 웃거름은 대파를 심은 골 사

대파 씨앗 말리는 모습   대파 꽃에 앉은 나비

이를 호미로 10cm 깊이로 죽 긁어내고 사이에 퇴비를 넣고 흙을
살짝 덮어주면 됩니다.

풀 대책 : 풀이 우거지면 파가 자라지 못하고, 자란다고 해도 연약
하게 되므로 대파 밭의 풀은 깔끔하게 정리할 필요가 있습니다.
풀을 정리하면서 동시에 북주기를 하면 아주 좋습니다. 앞의 사
진(261쪽)에서 왼쪽 모습과 같이 되는 환경을 2~3주 정도 방치해
두면 파 수확을 거의 포기해야 할 지경에 이르게 됩니다. 쌤도 한
번은 아무 대책도 없이 자연스럽게 풀과 함께 자라는 환경을 상
상하다가 나중에 몹시 후회하면서 파 밭을 몽땅 갈아버린 경험
이 있답니다.

씨받기

지난해 심은 대파가 월동을 하고 5월 중순으로 접어들어 날씨가 따뜻해지면 꽃대가 올라와 꽃이 피게 됩니다. 꽃이 피는 대파 중에 일부는 씨앗을 위해 꽃을 성숙시켜 봅니다. 꽃 안에 씨앗의 검은 부분이 외부에서 보아도 선명하게 보이고, 꽃망울 전체가 갈색으로 변하기 시작하면 꽃을 따서 말리면 됩니다. 잘 말린 다음 손으로 비비고 털어 씨앗을 받아 종자로 사용하면 됩니다.

무 (배추과 뿌리채소)

- 원 산 지 : 중앙아시아 추정
- 파종시기 : 8월 중순 ~ 9월 초순
- 수　　확 : 11월 중순 ~ 12월 중순
- 난 이 도 : 중
- 연작장해 : 있음
- 특　　징 : 서늘한 기후를 좋아함
　　　　　영하 1℃ 정도 견딤
　　　　　씨앗을 파종해서 재배함

배추와 함께 우리의 주된 김장재료로 사용하는 채소가 바로 무 입니다. 우리나라에서는 배추와 재배시기를 같이 해서 쉽게 길러볼 수 있지요. 즉, 가을에 파종하여 김장철에 수확하는 재배가 좋답니 다. 보통 텃밭에서 무를 재배한다고 하면 으레 가을재배를 의미합 니다. 무는 배추와 마찬가지로 서늘한 기후가 오래 지속되는 지역 이 고향이므로 이를 감안하여 길러보면 좋습니다.

무 밭 만들기

무를 심을 밭은 7월 말에 석회를 1m²당 100~200g(1컵)을 넣고 표 면에 있는 석회가 덮일 정도로 살짝 일구어놓습니다. 파종하기 1~2 주 전에 완숙퇴비를 1m²당 4kg, 깻묵 4컵(800g)을 넣고 밭을 일구 어 이랑 너비가 1~1.2m, 높이가 15~20cm 되도록 준비하면 됩니다.

무 재배 참고용 밭

씨앗 준비 및 파종

가까운 종묘상이나, 인터넷 매체를 통해 가꾸고자 하는 종류의 종자를 준비합니다. 뿌리도 이용하고 무청도 이용할 수 있으므로 이를 고려하여 종자를 선택하면 도움이 됩니다. 뿌리 위주의 종자와 무청 위주의 종자가 있는 반면 절충식의 종자도 있습니다. 배추와 가장 큰 차이점은 모종으로 심지 않는다는 것, 그리고 아예 시중에 모종이 나오지 않는다는 점을 들 수 있겠네요. 무를 옮겨 심으면 뿌리가 잘 발달되어 뿌리가 여러 개 생기고 잔뿌리가 많은 무가 됩니다. 그래서 무를 옮겨 심지 않습니다. 준비된 밭에 30~40cm 줄

파종 11일 된 무의 모습

파종 2주 된 무 모습

파종 18일 된 무 모습

11월 초 무 모습

간격으로 2~3cm 정도에 하나의 씨앗이 놓이게 줄뿌림하면 됩니다.
파종 골을 호미로 살짝 긁어내고 골의 중간에 무 씨앗을 한 알씩
넣고 흙을 1cm 정도 덮고 물을 흠뻑 뿌려주면 됩니다.

자라는 모습

파종 후 4~5일이 지나면 떡잎이 나오고, 또 며칠 더 있으면 본잎이 떡잎 사이에서 자라기 시작합니다.

파종 후 30일 정도 지나면 솎아서 열무처럼 이용할 수 있습니다. 기간이 지남에 따라 계속 솎아주어 무의 간격이 15~20cm 정도 되도록 해주면 됩니다. 싹이 터서 자라는 초기에는 서로 경쟁적으로 자라는 것이 좋으므로 조기에 솎음 간격을 너무 넓히지 않는 것이 성장하는 데 도움이 됩니다.

두더지 피해

두더지가 지나간 곳에 있는 무는 뿌리가 들떠 말라 죽게 되지요. 안타까운 마음에 발로 밟고 물을 주고 해도 상처 받은 무는 쉽게 건강을 회복하지 못합니다. 전체적으로 많은 피해는 없습니다.

무의 연작장해

무를 같은 밭에 계속 기르면 동일한 벌레가 만연하여 못 쓰게 됩니다. 좁은가슴잎벌레와 벼룩잎벌레가 주로 활동하면서 피해를 입힙니다. 특히 이동성이 떨어지는 좁은잎가슴잎벌레는 같은 곳에서 계속 살면서 무, 배추 등 배추과 채소를 먹고 삽니다.

배추과 채소를 심은 곳에는 2~3년 뒤 다시 배추과 채소를 심어

4년 연작 무의 벌레 피해(9월 중순)

4년 연작 무의 벌레 피해(11월 중순)

3년 연작 무의 피해(9월 말)

3년 연작 무의 회복된 모습(10월 말)

야만 이런 피해를 경감시킬 수 있습니다. 들깨나 콩을 심은 곳에 배추과 채소를 기르면 벌레들의 피해를 조절해가면서 배추과 채소를 기를 수 있지요.

웃거름 주기, 김매기

무 밭의 풀은 파종 후 무가 싹이 틀 때 풀도 동시에 싹이 트고 자랍니다. 무가 어릴 때 주변의 풀을 한 번 정도 정리해주어야 성장에 도움이 됩니다. 풀 정리가 늦어져 풀이 활개를 치게 되면 무는 약해지면서 풀과의 생존경쟁에서 밀려나게 됩니다. 무는 밑거름만 충분하게 주면 따로 웃거름을 주지 않아도 잘 자랍니다.

수확

솎음 수확 : 파종 3주 이후부터 솎음 수확이 가능합니다. 솎아서 겉절이를 하거나 데쳐서 나물 또는 시래기로 이용하면 좋습니다. 파종 2개월 정도 지나면 뿌리를 뽑아 이용해도 됩니다.

잎줄기 따기 : 무가 어느 정도 자라면 잎이 무성하게 되지요. 이때 아래잎을 따서 삶아 시래기로 이용하면 됩니다. 잎줄기를 딸 때 한꺼번에 너무 많이 따내면 무 뿌리가 부실하게 되므로 한 포기에서 2~3개의 잎줄기만 따내도록 합니다.

본 수확 : 본 수확은 11월 중순 또는 11월 말, 김장을 할 때 모두 수확하는 것을 말합니다.

저장 방법 : 땅을 파내고 무를 깊게 묻어두면 좋겠지만 양이 얼마 되지 않을 때는 아이스박스에 담아 베란다에 두면 됩니다. 그러면 겨우내 무를 이용할 수 있습니다.

초기에 돋아나는 풀 모습

무와 함께 있는 풀

무의 부분 수확

무를 모두 수확한 모습

무시래기 만드는 법 : 무를 수확한 후 줄기를 삶아 한 번에 이용할 만큼의 양을 비닐봉지에 넣어 냉동실에 넣어둡니다. 필요할 때마다 꺼내서 된장찌개에도 넣고 시래기 국을 끓여 먹어도 좋습니다. 무시래기는 건강에 아주 좋은 식자재이지요.

배추 (배추과 잎줄기채소)

- 원 산 지 : 중국 북부지방
- 모종심기 : 8월 중순 ~ 9월 초순
- 수　확 : 11월 중순 ~ 12월 중순
- 난 이 도 : 중
- 연작장해 : 있음
- 특　징 : 서늘한 기후를 좋아함
　　　　　영하 2~3℃ 정도 견딤
　　　　　저온에서는 성장이 더딤

　배추는 우리하고 너무 친숙해서 우리나라가 배추의 원산지가 아닌가 하고 착각을 할 정도입니다. 그만큼 우리 생활 깊숙이 들어와 친해진 채소지요. 날마다 먹는 김치의 주재료가 바로 배추이기 때문입니다. 봄에는 배추 기르기가 조금 어렵고 가을에 기르면 조금 수월합니다. 그 이유는 봄에는 배추가 자라면서 배추가 싫어하는 고온기인 여름으로 접어들고 가을에는 배추가 자라면서 배추가 좋아하는 서늘한 날씨인 가을을 만나기 때문입니다.

배추밭 만들기

　배추는 석회 성분이 부족하면 병이 발생하기 쉬우므로 배추를 심을 밭에는 7월 말경에 석회를 1m²당 100~200g(1컵) 을 넣고 표면에 있는 석회가 덮이는 정도로 살짝 일구어놓으면 됩니다. 배추 모종을 심기 1~2주 전에 완숙퇴비를 1m²당 4kg 정도와 깻묵 4컵(800g) 정도를 넣고 밭을 일구어 두둑의 너비가 1.2m, 높이가 15~20cm 정도로 밭을 준비합니다. 배추밭 두둑은 물이 잘 빠지는 곳은 조금 낮게 만들고, 비가 오면 물이 고이는 밭은 20cm 이상으로 높게 만듭니다. 배추는 물이 잘 빠지는 곳에서 잘 자라기 때문입니다.

작은 규모의 채소를 기르는 실습장이나 주말농장에는 씨앗을 파종하여 배추를 재배하려면 비용도 많이 들고 일찍 파종해야 하는 부담이 있습니다. 배추가 잘 자라는 온도가 15~25℃이므로 여름에 파종하면 초기 성장이 아주 힘겹게 이루어집니다. 그래서 시중에서 판매하는 모종을 구입하여 재배하는 편이 수월하지요. 배추모종은 8월 말에 구입하면 됩니다.

배추씨앗은 다른 씨앗에 비하여 상당히 비싼 편입니다. 2,000개에 20,000원 하는 씨앗도 있습니다. 그런데 배추모종은 1판(약 100포기)에 6,000~8,000원 정도면 구입이 가능합니다. 나중에 실력이 늘고 텃밭의 고수가 되면 그때는 씨앗을 구해서 한번 길러보기 바랍니다. 어린 배추 솎아먹는 맛이 각별하지요. 비 오고 난 후 모종삽으로 한 포기씩 직접 옮겨 심는 즐거움도 있습니다.

참고사항 : 배추를 기르면서 제일 힘든 것이 바로 벌레입니다. 벌레들은 무더위에 배추를 잘도 먹습니다. 무더운 여름이 지나고 나면 벌레들의 활동이 주춤해지지요. 그리고 무더위가 가시고 나

면 배추가 잘 자라는 온도가 됩니다. 이때는 배추가 워낙에 잘 자라므로 벌레가 조금 먹어도 표시가 나지 않지요. 배추를 9월 초순에 파종하거나 모종을 심으면 벌레들의 공격에 어느 정도 견딜 수 있습니다. 대신에 속이 꽉 찬 속이 노란 배추로 성장하지는 못합니다.

자라는 모습

배추를 심은 초기에는 배추가 잘 자라지 못합니다. 배추가 잘 자라는 환경은 서늘한 기온이라 모종은 8월 말경에 심지요. 우리나라는 그때까지 여름 날씨를 유지합니다. 그래서 더디게 자랍니다. 그러다 시원함이 느껴지는 9월 초순이 되면 하루가 다르게 성장합니다. 배추가 집중적으로 자랄 수 있는 기간은 9월 중순부터 10월 말까지 약 1개월 반 정도입니다.

10월 말이 되면 일부 지역에는 서리가 내리기 시작하지요. 배추는 약한 서리와 서서히 추워지는 영하 4~5℃의 기온에는 동해를 입지 않습니다. 그러나 갑자기 추워지는 영하 5℃ 이하가 되면 동해를 입게 됩니다. 배추를 묶어주는 것은 갑자기 기온이 내려가거나, 동해를 입을 기온 이하로 내려갔을 때 겉잎으로 감싸주어 심하게 얼지 않도록 하기 위해서죠.

참고사항 : 기온이 어느 정도 유지되는 지역이나 김장을 일찍 하는

8월 28일 심은 모종 8월 30일

8월 28일 심은 모종 9월 13일

8월 28일 심은 모종 10월 18일

8월 29일 심은 모종 11월 1일

지역에서는 굳이 배추를 묶지 않아도 됩니다. 기온이 높은 지역에
서는 배추를 묶어주었다가 오히려 속이 상하는 수도 있습니다. 어
떤 분들은 배추 속이 꽉 차라고 묶어준다고 합니다만, 이는 사실
과 다릅니다. 배추의 속이 차는 것은 묶어주는가 안 묶어주는가
에 크게 영향을 받지 않습니다.

몇 포기의 배추는 묶지 않고 그냥 밭에 두면 12월 초까지는 생으로 이용할 수 있습니다. 서리를 맞은 배추는 단맛이 많이 듭니다.

11월 중순 배추를 묶어둔 모습

추위에 많이 언 배추 11월 말

묶지 않은 배추(12월 중순)

그래서 추울 때 배추를 데쳐서 먹으면 가을에 느끼지 못한 배추의 단맛을 느낄 수 있지요. 그러나 주의해야 할 사항은 추위가 이르게 찾아오는 해에 밭에 배추를 그냥 두었다가는 모두 얼어 죽을 수 있다는 사실입니다.

배추의 연작장해

배추를 계속 같은 장소에 기르면 잎벌레에 의한 피해가 나타납니다. 이를 피하려면 3~4년 주기로 돌려가면서 배추과 채소를 재배하면 좋습니다. 배추과 채소를 재배한 장소에서 5m 정도의 거리만 떨어져 있어도 피해를 완화할 수 있습니다. 배추과 채소에 공통으로 피해를 주는 벌레는 계속 그 자리에서 월동하면서 피해를 줍니다. 그래서 한번 배추과 채소를 길러낸 밭은 벌레들이 먹지 않는 들깨나 콩을 2번 정도 심었다가 다시 배추과 채소를 기르는 게 좋습니다. 그러면 벌레 피해를 줄일 수 있습니다.

풀 정리 및 웃거름 주기

배추모종을 옮겨 심은 후 밭에는 명아주, 비름나물, 바랭이, 피, 별꽃, 별꽃아재비 같은 가을 풀들이 배추와 함께 자라게 됩니다. 배추가 어릴 때 주변의 풀을 한 번 정도 정리해주어야 배추가 수월하게 자랍니다. 배추가 자라는 초기에 풀을 정리해주면 이후에는 배

배추에 붙은 벌레들

벌레들에게 완전히 당한 배추 모습

2년 연작 피해 모습

3년 연작 피해 모습

추가 자라서 배춧잎 그늘로 가리게 되어 잘 자라지 못하게 됩니다.

배추는 자라는 기간이 3개월 정도 되므로 밑거름만으로 영양을 충분히 공급하기가 어렵습니다. 이럴 때 자라는 상태를 봐가면서 웃거름을 한 차례 주면 좋습니다. 웃거름은 배추모종 자라는 곳에서 15~20cm 떨어진 곳을 호미로 파내고 퇴비를 넣고 흙을 덮어줍니다. 웃거름 주는 시기는 배추를 심은 후 4~5주 지난 후가 좋습니다. 서늘한 가을바람이 불어 배추의 성장이 아주 왕성할 때이니까요.

배추 수확

수확은 11월 말경부터 김장을 할 때 모두 수확하는 것을 말합니다. 김장용으로 수확할 때는 밑동을 칼로 도려내어 수확하고 겉잎은 떼어내서 그늘에 말려두고 나중에 우거지(배추로 만든 시래기)로 이용하면 좋습니다. 배추를 김장용으로 수확하고 몇 포기는 아이스박스에 담아 베란다에 두면 1~2월에 싱싱한 배추를 맛볼 수 있습니다.

배추 수확하는 모습

배추 시래기 모아둔 모습

278

부추 (백합과 잎줄기채소)

- 원 산 지 : 동아시아(중국의 서부)
- 파종시기 : 4월 ~ 5월
- 모종 옮겨심기 : 수시로
- 수　　확 : 4월 중순 ~ 11월 초순
- 난 이 도 : 중
- 연작장해 : 없음
- 특　　징 : 서늘한 기후를 좋아함
  　　　　　겨울에는 휴면에 들어감
  　　　　　씨앗 및 포기나누기로 번식

　부추는 기후적응성이 좋아 봄부터 가을까지 수확이 되는 연중채소로 기를 수 있습니다. 특별하게 시기를 가리지는 않으나, 봄에 파종하여 초여름에 아주심기를 하면 그해 가을부터 수확이 되는 채소입니다. 부추는 한 번 심어두면 몇 년간 계속 수확할 수 있는 채소이며 수시로 수확해서 전, 무침, 나물 등으로 먹을 수 있습니다.

부추의 종류

　부추는 잎이 넓은 종류, 잎이 좁은 종류, 중간 넓이의 잎을 가진 3종류가 있습니다. 잎이 넓으면 수확량은 많으나 향기가 덜하고, 잎이 좁은 재래종은 향기는 좋으나 수확량이 떨어집니다. 주변에서 많이 재배하는 종류나 자신이 좋아하는 종을 심어보세요. 봄철에 전통 5일장에 나가 보면 부추 뿌리를 손쉽게 구할 수 있습니다.

모종 기르기

모종을 직접 길러서 옮겨심기하기에 적합한 채소입니다. 물이 잘 빠지는 곳에 파종을 하면 좋습니다. 두둑을 20cm 정도 높이로 만들어주면 됩니다. 두둑에 호미로 얕게 골을 파고 1~2cm에 씨앗을 하나씩 뿌리고 2~3mm 정도 가볍게 흙을 덮어줍니다. 씨앗을 파종하는 골은 20cm 정도의 간격이 좋습니다. 부추 씨앗이 싹이 트는 적정 온도는 20℃이므로 봄에 일찍 파종하면 싹이 트는 기간이 오래 걸립니다. 모종을 기르는 밭에는 여러 가지 풀들이 자라게 되지요. 이런 풀을 잘 정리해주는 수고를 해야만 건강한 모종을 키울 수 있답니다.

4월 9일 파종 싹트는 모습 5월 1일

파종 11주 옮겨 심을 때가 된 모종

부추 씨앗을 빨리 싹트게 하려면 2일 정도 물에 담갔다 그늘에 하루 정도 말린 다음 파종하면 되겠습니다.

아주심기

부추 씨앗을 파종하고 2~3개월이 지나면 모종의 키가 15cm 정도로 자랍니다. 그러면 모두 캐내어 본밭에 옮겨심기를 합니다. 부추를 아주 심을 밭에는 밑거름을 미리 넣어 잘 일구어 놓으면 좋습니다. 부추는 한 번 아주심기 하면 몇 년을 그 자리에서 자라야 하므로 밑거름을 조금 많이 넣어줍니다. 퇴비를 1m²당 4kg 정도와 깻묵을 1kg 정도 넣어 밭을 일군 다음 2주 정도 지나면 아주심기를 합니다.

모종을 캐낸 모습

부추 모종 심는 모습

아주 심은 지 1주 된 부추

아주 심은 지 8주 된 부추

모종의 잔뿌리가 많이 잘려나가지 않게 조심스럽게 파냅니다. 모종이 땅에 묻혀 있는 정도의 깊이로 심을 수 있게 파종 골의 깊이를 8~10cm 정도로 파내고 2~3cm 간격에 하나씩 두고 흙을 덮고 물을 흠뻑 뿌려주면 됩니다. 줄 간격은 25cm 정도가 충분합니다.

자라는 모습

아주심기가 끝나고 나면 축 처진 모습으로 2주 정도를 보내면서 서서히 줄기가 세워지고, 점차 잎에 생기를 띠게 되지요. 비가 오지 않을 때 밭에 자주 들러 물을 주면 어느덧 줄기를 세우고 새로운 잎을 키워냅니다. 아주 심고 2개월이 지나면 뿌리가 둘로 나누어지기 시작합니다. 키는 30cm쯤으로 자라게 되고요. 이때 위로 돋아난 줄기를 모두 베어주면 다음번에 자라는 보드랍고 연한 부추를 수확할 수 있습니다. 그때까지는 부추를 수확하지 말고 그냥 둔 채로 뿌리가 충실해질 때까지 조금 더 기다리는 편이 좋습니다.

수확

부추는 20cm 이상 자라면 필요한 만큼 베어 이용해도 됩니다. 수확이 늦어지면 부추가 억세지는 수가 있어요. 이럴 때 억센 부추를 베어주면 보드라운 부추가 자랍니다. 부추는 비늘줄기(알뿌리)에 영양을 축적하는 성질이 있으므로 알뿌리에 어느 정도 영양을 축적할 시간을 주면 다음번 부추가 튼튼하게 자란답니다.

부추 수확한 모습

부추 밭에 돋아나는 풀   수확 후 웃거름을 깔아준 모습

풀 관리 및 웃거름 주기

풀에 부추가 묻혀버리는 일이 없게 수시로 돋아나는 풀을 부지런히 정리해주는 것이 부추 재배의 핵심입니다. 부추를 수확할 때 풀도 같이 정리하면 한꺼번에 수확도 하고 풀도 정리하는 효과를 누릴 수 있습니다. 웃거름으로는 퇴비나 깻묵을 사용합니다. 먼저 부추를 수확한 다음 준비해놓은 퇴비나 깻묵을 부추 밭에 흩뿌리듯 뿌려주면 됩니다.

부추의 4계절

부추는 이른 봄 일찍이 싹을 틔우고 다른 채소가 자라지 않을 때부터 성장합니다. 아주 부지런한 채소이지요. 한여름이 되면 꽃대를 세워 흰색의 어여쁜 꽃을 보여주고 또 씨앗을 남깁니다. 그러다

3월 말의 부추 새싹

한여름의 부추 꽃

늦가을의 부추 모습

한겨울의 부추 밭

가 초겨울 추위가 찾아오면 조용하게 겨울잠을 청하곤 합니다. 하지만 이른 봄이 되면 퍼뜩 겨울잠에서 깨어나 봄을 이끌고 가는 채소랍니다.

처음 한두 포기가 늘어난 모습

부추의 자연증식 및 옮겨 심는 이유

부추는 땅속의 알뿌리가 나누어져 새로운 개체를 만들어내면서 증식을 하게 됩니다. 그래서 부추는 보통 여러 포기가 한꺼번에 자라는 모습을 보입니다. 이러한 성질 때문에 오랫동안 계속 같은 곳에서 자란 부추는 자연적으로 늘어난 줄기가 복잡해져서 연약하게 자라게 되지요. 줄기가 연약해지는 것을 방지하려면 늘어난 포기를 1년에 한 번 정도 반쯤 덜어내면 됩니다. 덜어낸 부추를 다른 곳에 옮겨 심으면 새로운 부추 밭을 만들 수 있어요.

상추 (국화과 잎채소)

- 원 산 지 : 유럽 및 아시아 서부지역
- 파종시기 : 3월 말 ~ 4월 중순
  8월 중순 ~ 9월 초순
- 수   확 : 파종 후 수시로 수확
- 난 이 도 : 하
- 연작장해 : 없음
- 특   징 : 서늘한 기후를 좋아함
  30℃ 이상 싹트기 어려움
  저온(8℃)에서는 성장이 더딤

상추는 재배시기만 지키면 비교적 기르기가 수월합니다. 밭 귀퉁이에 20포기만 심어도 한 가족이 충분히 먹을 수 있지요. 욕심을 내서 많이 심을 필요가 없어요. 상추는 '광발아성 종자'예요. 씨앗을 깊게 묻으면 싹이 잘 트지 않는다는 뜻입니다. 상추는 비타민과 무기질이 풍부하여 빈혈 환자에게 좋고, 줄기에서 나오는 우윳빛 즙에는 락투세린과 락투신이 들어 있어 진통과 최면 효과를 나타냅니다. 그래서 상추를 많이 먹으면 낮잠이 심하게 몰려오는 것이지요.

파종 준비

파종하기 1~2주 전에 1m²당 2kg의 완숙퇴비와 깻묵을 2컵(400g) 정도 넣고 밭을 일구어 이랑 폭이 1m, 높이가 10cm 정도 되게 준비합니다. 상추는 수시로 이용하는 채소이므로 접근하기 쉬운 곳에 심어두는 게 좋습니다.

씨앗 준비 및 모종 준비

상추의 종류에는 청치마상추, 적치마상추, 배추상추, 담배상추 등이 있습니다. 2~3종류의 상추를 이웃해서 키우면 여러 가지 색상과 모양의 상추를 즐길 수 있습니다. 종류에 따른 맛의 차이는 별로 없지만 씹히는 정도, 잎의 크기, 색상이 다릅니다. 씨앗을 직접 밭에 뿌리는 시기를 놓친 경우 모종을 구입해서 기르면 수월합니다.

파종 및 복토

준비된 밭에 25~30cm 정도의 줄 간격으로 밭 흙을 살짝 긁어내고 1cm 간격에 하나의 씨앗이 떨어지게 줄뿌림하면 됩니다. 파종 후 흙덮기는 아주 조금 한다는 기분으로 2~3mm 정도만 덮어두는 게 요령입니다. 파종 후 물을 흠뻑 주고 마무리하면 됩니다. 물을 줄 때는 물구멍이 작은 물뿌리개를 사용해야만 상추 씨앗이 떠내려가거나 한쪽으로 쏠리는 현상이 생기지 않습니다.

자라는 모습

파종 1주 정도 지나면 떡잎이 올라오고 2주가 되면 떡잎 사이로

파종 2주 된 청상추 모습 4월 중순

파종 2주 된 적상추 모습 4월 중순

4월 3일 파종 4월 30일 모습

4월 3일 파종 상추포기 모습 4월 30일

본잎이 보입니다. 떡잎이 어릴 때 솎아내지 말고 그냥 두고 기르는 것이 좋습니다. 보통의 다른 작물은 어릴 때부터 솎아주면서 기르는데 비해 상추는 나중에 솎음수확을 위해서 그냥 둡니다.

낮의 기온이 20℃ 이상 되는 5월 중순이 되면 하루가 다르게 성장하는 모습이 보입니다. 파종 4주가 지나면 키가 8cm 정도 되고

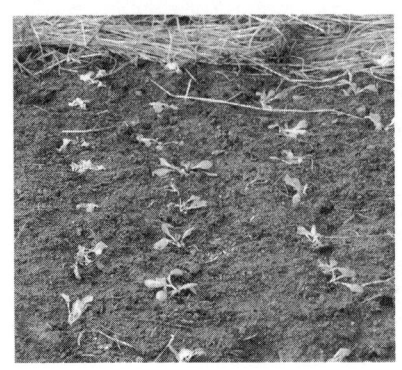

짚 안에서 기른 모종 옮겨 심은 모습   옮겨 심은 지 2주 지난 모습

본잎이 4장 이상 되는 상추로 자랍니다. 이때 복잡한 부분의 상추를 솎아서 수확하고, 일부는 모종삽으로 퍼서 옮겨 심은 다음 포기 사이의 간격을 10cm 이상 유지하면 됩니다.

참고사항 : 햇빛이 약한 아파트에서 모종을 기르는 경우 적상추와 청상추의 구분이 되지 않습니다. 아주 심은 후 햇빛이 잘 비치면 적상추와 청상추의 구분이 확연하게 나타납니다. 적상추의 색깔은 햇빛을 잘 받아야 발현된다는 사실을 알 수 있습니다.

수확

상추는 파종 후 4주부터 수확이 가능합니다. 어린 상추의 복잡한 곳을 솎아서 먹으면 보드라운 맛을 느낄 수 있지요. 그러다 어느 정도 자라면 제일 겉잎을 한 장씩 떼어내면서 수확하세요.

주의사항 : 상추가 자라면 아랫잎을 따서 수확합니다. 이때 아랫잎을 줄기에서 바짝 따주어 줄기에 붙어 있는 상추잎줄기가 남아 있지 않게 합니다. 줄기에 덜 딴 잎줄기가 남아 있으면 이 부분이 짓물러 감염의 원인이 되고, 공기가 안 통해 잎이 상하게 됩니다.

풀 대책 및 웃거름 주기

상추가 막 싹이 터서 자라는 초기에 풀도 같이 싹이 틉니다. 풀이 어릴 때 잡아주지 않으면 풀 그늘에 상추가 놓여 잘 자라지 못합니다. 상추가 어릴 때 2번 정도 꼼꼼하게 풀을 정리해주면 이후에는 상추가 풀을 이기게 됩니다. 풀을 정리하지 못한 상추밭을 보면 괜스레 미안해집니다. 그러니 상추를 키울 때는 부지런해야겠죠?

밑동부터 깔끔하게 따준다

풀을 정리하지 않은 상추 밭

상추는 수확 기간이 길어 웃거름을 필요로 합니다. 웃거름은 파종 후 2개월 또는 아주 심은 지 1개월 정도 지난 후 포기에서 10cm 정도 떨어진 곳에 호미로 구덩이를 10cm 정도 파고 퇴비를 1주먹 넣으면 됩니다. 거름 기운이 넉넉한 밭에서 자라는 상추가 척박한 밭의 상추보다 잎도 연하고, 통통하고, 아삭거리는 맛도 좋게 자랍니다.

상추 재배 주의사항

상추는 특별한 병치레를 하지 않습니다. 다만 기온이 높을 때 파종을 주의해야 하지요. 30℃를 넘어가면 발아율이 많이 떨어집니다. 빨리 수확할 욕심에 8월 초~중순에 파종하면 발아가 잘 안 되어 띄엄띄엄 싹을 틔웁니다. 그럴 때는 아예 싹을 틔워서 파종합니다. 아래 사진을 보면 봄 상추의 발아율과 8월 말 파종 상추의 발아

4월 3일 파종 4주 지난 상추

8월 22일 파종 4주 지난 상추

율을 비교할 수 있어요. 상추 씨앗 싹을 틔워서 8월 20일 경에 파종하면 발아율 걱정은 하지 않아도 됩니다. 요령은 아래와 같습니다.

- 상추 씨앗을 종이컵이나 그릇에 담고 물을 부어 집 안의 서늘하고 밝은 곳에 둔다.
- 하루 지나서 물을 완전히 따라내고 수건이나 주방용 화장지에 붓고 4~5시간 말린다. (선풍기를 틀어주면 잘 마른다.)
- 밭으로 가져가 파종한다.

상추는 보통 하루 정도 물에 담가두면 싹이 틉니다. 물기가 있는 채로 씨앗을 파종하려면 어려우므로 말린 다음 파종합니다.

물에 넣고 서늘한 곳에 둔다

하루 지나서 싹이 튼 모습

시금치 (명아주과 잎줄기채소)

- 원 산 지 : 중앙아시아(이란지역)
- 파종시기 : 봄재배 : 4월
  가을재배 : 8월
  월동재배 : 9월 ~ 10월
- 수　　확 : 어느 정도 자라면 수시로
- 난 이 도 : 중
- 연작장해 : 있음
- 특　　징 : 서늘한 기후를 좋아함
  고온(25℃이상) 재배 불가능
  산성토양에서 자라지 못함

　시금치는 기온이 5℃를 넘어가는 시기에는 언제든 파종이 가능합니다. 자라는 기간도 다른 작물에 비해 길지 않아 밭이 잠시 쉬는 시기에 기를 수 있습니다. 그러나 기온이 25℃를 넘어가는 시기에는 성장이 되지 않으므로 한여름에는 기를 수 없지요. 시금치는 산성토양을 싫어하는 대표적인 채소입니다. 시금치를 심었는데 잘 자라지 않는다면 산성토양이 아닌지 생각해봐야 합니다.

　시금치는 각종 암에 대항하는 베타카로틴을 포함한 카로티노이드가 많이 함유되어 있고, 칼슘, 철분, 비타민이 많아 자라는 청소년, 어린이에 매우 좋은 채소입니다. 시금치에는 사포닌과 양질의 섬유소가 들어 있어 변비에 좋고 철분과 엽산이 있어 빈혈 예방에도 좋습니다.

특히, 시금치 뿌리에는 구리와 망간이 들어 있어 인체에 유독한 요산을 분리, 배설시키는 작용을 합니다. 동물실험에서는 시금치가 혈중 콜레스테롤 수치를 낮추며 소화기능을 강화시키는 것으로 나타났습니다. 몸에 안 좋은 채소가 어디 있겠습니까마는 여러 채소 중에 단연 으뜸으로 치는 것이 시금치입니다.

밭 준비 및 씨앗 준비

파종하기 1~2주 전에 1m²당 100g 정도의 석회나 고토석회를 넣고 살짝 일구어둡니다. 1주일 뒤에 1m²당 퇴비 3kg과 깻묵을 2컵 (400g) 정도 넣고 밭을 일구어 이랑 폭이 1m, 높이가 10cm 정도 되게 준비합니다. 시금치가 자라다 잎이 누렇게 변하거나 잘 자라지 못하면 대부분 산성토양입니다. 이런 밭에는 석회나 고토석회, 조개껍질, 계란껍질 등을 넣어주면 좋습니다.

시금치 씨앗은 주변의 가까운 종묘상에 가면 언제나 구할 수 있습니다. 잎 모양이 뾰족한 종류와 둥글게 생긴 종류가 있습니다. 종묘상에 가기 전에 미리 인터넷을 검색해서 알아두면 좋습니다. 이보다 좋은 것은 오래전부터 재배해오던 재래종이나 토종시금치를 구해서 가꾸는 것입니다. 토종시금치는 병충해에도 강하고 씨앗을 받을 수도 있습니다.

파종 및 흙덮기(복토)

밭에 20~30cm 정도 간격으로 밭 흙을 살
짝 긁어내고 1~2cm마다 씨앗이 하나씩 놓이
게 줄뿌림합니다. 파종 후 5mm 정도로 흙을
덮고 물을 흠뻑 뿌려줍니다. 씨앗의 끝이 뾰
족하여 손을 찌르는 종류가 있고 돌출부가

없이 매끈한 종류가 있습니다. 돌출부가 있는 씨앗은 손으로 잡을
때 손을 찌르는 아픔이 있으므로 조금 느슨하게 잡고 파종합니다.

자라는 모습

파종 1~2주 정도 지나면 떡잎이 올라오고 20일이 지나면 본잎
이 2~4장 됩니다. 초기에 자라는 모습은 파종 시기의 기온에 따라

시금치 싹 트는 모습

파종 4주 시금치 자라는 모습

4월 2일 파종 4월 30일 시금치 밭

4월 3일 파종 5월 14일 시금치 밭

9월 7일 파종 시금치 11일 지난 모습

9월 7일 파종 시금치 4주 지난 모습

다른 모습을 보여줍니다. 기온이 높을 때는 2주 만 지나도 본잎이 2~3장 생기고, 봄에 일찍 파종하면 3주가 되어야 본잎이 2~3장으로 자라게 됩니다.

봄 파종 : 봄 파종의 경우 5주가 지나면 낮 기온이 20℃까지 올라가는 5월 초순으로 접어듭니다. 이때 시금치는 빠르게 자랍니다.

시금치는 조금 조밀하게 길러야 잘 자라고 부드럽게 자랍니다. 자라는 모양을 봐가면서 수시로 솎아서 이용하면 됩니다.

가을 파종 : 가을 파종 시금치는 봄 파종 시금치에 비해 부드럽게 자라고 조금 연약하다 싶을 정도로 자랍니다. 4월 초 파종 시금치에 비해 초기 성장은 다소 우세합니다.

10월 말 파종 시금치 12월 중순 모습

10월 파종 시금치 3월 말 모습

4월 말 시금치 꽃이 피는 모습

5월 말 시금치 씨앗이 영글어가는 모습

월동 재배 : 월동 재배 시금치는 다소 늦은 9월 중순 또는 10월 초에 씨앗을 뿌립니다. 9월 중순 파종은 10월 말에 솎음수확을 할 만큼 자라게 되지요. 그러나 조금 늦은 10월에 파종하면 본잎이 자라는 시기에 추위가 찾아와 시금치 잎이 땅에 붙어 월동 자세를 취하게 됩니다. 10월 파종의 경우 싹이 트는 시일도 오래 걸리고 더디게 자랍니다. 이듬해 3월 말이 되면 잎에 생기가 돌다가 4월 초순에 꽃대를 키우고 5월에는 꽃을 피우게 됩니다. 월동 재배 시금치는 추운 겨울을 나면서 단맛이 나는 시금치로 자랍니다. 월동 시금치는 봄이나 가을 재배에 비해서 향이 짙습니다.

씨앗받기 : 월동 재배 시금치나 봄에 파종한 시금치가 꽃대를 만들 때 몇 포기는 수확하지 않고 그냥 두면 씨앗을 받을 수 있

시금치 꽃대를 잘 말린다

씨앗만 갈무리해서 잘 말린다

어요. 5월 말 시금치 씨앗이 영글면 베어서 잘 말렸다 털어내면 됩니다. 시금치 씨앗은 손을 찌르므로 반드시 얇은 면장갑을 먼저 끼고 작업용 고무코팅장갑을 낀 후 씨앗을 털고 갈무리합니다.

시금치 수확

시금치는 복잡한 곳을 솎아주면서 계속 수확하는 방법과 파종 40일 이후 한꺼번에 수확하는 방법이 있습니다. 봄에 파종한 시금치는 수확시기를 놓쳐버리면 꽃대가 올라와 못 먹는 시금치가 됩니다. 꽃대가 올라오기 전에 수확해야 합니다.

시금치 밭의 풀 대책

봄 파종 시금치는 풀이 막 자라기 시작할 무렵에 수확을 마치므

솎아낸 시금치

수확하여 다듬은 시금치

가을 파종 시금치와 같이 자라는 풀

로 풀에서 어느 정도 자유로운 작물이 됩니다. 그러나 가을 파종 시금치의 경우는 좀 다릅니다. 시금치와 같이 풀도 싹을 틔워 자라므로 제거하기가 쉽지 않거든요. 시금치 주변에 자라는 작은 풀들을 제때 정리해주어야 시금치가 자라게 됩니다. 월동 시금치와 같이 자라는 풀 중에 명아주, 바랭이, 까마중 등 월동이 불가능한 풀은 서리가 내리면 말라 죽게 됩니다. 그러나 월동 가능한 풀인 별꽃 종류는 겨울에도 자라는 풀이라 봄이 되면 한 번 정도 풀을 정리해야 합니다.

쑥갓 (국화과 잎줄기채소)

- 원 산 지 : 지중해연안
- 파종시기 : 봄 : 4월 말 ~ 5월 중순
        가을 : 8월 중순 ~ 8월 말
- 수　　확 : 자라면 수시로 수확
- 난 이 도 : 하
- 연작장해 : 없음
- 특　　징 : 서늘한 기후를 좋아함
        저온에서는 성장이 더딤

　쑥갓은 각종 음식에 향기를 더하는 채소입니다. 밭 귀퉁이에 몇 포기의 쑥갓만 있어도 향기를 즐길 만합니다. 기르다 보면 꽃도 피고 관리를 잘하면 씨앗도 받을 수 있는 수월한 채소입니다. 이식성이 좋아 옮겨심기를 해도 되며, 줄기를 꺾어 수확하면 옆에서 새로운 줄기가 계속 자랍니다. 쑥갓은 발아가 잘 안 되는 작물 중에 하나입니다. 기온이 10℃ 이하이거나 30℃가 넘으면 발아율이 저조하므로 파종 시기를 조절해주어야 합니다.

　상추 재배 시기와 비슷한 시기를 선택하면 무난합니다. 가을 재배는 파종 시기를 앞당기면 발아가 잘 안 되고 늦게 파종하면 기온이 떨어지는 늦가을에 성장이 둔하게 되어 봄보다 훨씬 덜 자라게 됩니다. 오른쪽 사진에서 보듯 가을 재배는 발아율이 조금 저조합니다. 가을에는 파종 시기를 조금 늦추고 파종량을 늘이면 상큼

4월 3일 파종 4주 지난 쑥갓 모습 · · · · · · · · · · · 9월 7일 파종 4주 지난 쑥갓 모습

한 가을 쑥갓을 맛볼 수 있습니다. 발아가 걱정되면 서늘한 장소에서 싹을 틔워 파종하면 됩니다. 싹을 틔우는 방법은 상추 싹 틔우는 방법을 참조하면 됩니다.

씨앗 준비

쑥갓은 소엽종, 중엽종, 대엽종의 3가지로 구분이 됩니다. 종묘상이나 인터넷 매장에서는 보통 중엽종 쑥갓 씨앗을 많이 판매합니다.

밭 만들기 및 파종

파종하기 1~2주 전에 완숙퇴비를 1m²당 3kg 정도 넣고 밭을 일구어 폭이 1m 정도, 두둑의 높이가 10cm 정도 되게 준비합니다. 파종은 30cm 줄 간격에 1~2cm에 하나씩 씨앗을 넣고 흙을 5mm

정도 덮어주고 물을 흠뻑 뿌려주면 됩니다. 발아율이 좋지 않으므로 씨앗을 조금 넉넉하게 넣어주는 게 요령입니다.

자라는 모습

쑥갓은 어릴 때부터 솎아내기를 별도로 하지 않고 자라는 정도를 봐가면서 키가 7~8cm 정도 되면 솎음 수확을 합니다. 최종적인 간격은 15~20cm 유지하는 것이 좋습니다.

옮겨심기

파종 후 4주 정도 지나면 본잎이 6~7매가 되고 키도 10cm가량 자랍니다. 복잡한 곳은 솎음 수확을 하고, 옮겨 심을 밭이 있거나 이웃에 필요한 곳이 있으면 모종삽으로 파내어 옮겨 심으면 됩니다. 옮겨심기는 저녁 무렵 물을 흠뻑 뿌리고 뿌리가 덜 다치게 모종삽으로 파내거나 조심스럽게 뽑아서 본밭에 심고 물을 주면 됩니다.

수확

쑥갓은 파종 후 1개월이 지나면서 솎음 수확을 할 만큼 자라게 됩니다. 조밀한 부분을 솎음 수확하여 이용하다가 키가 15cm 이상 자라면 원줄기를 잘라서 이용합니다. 그러면 곁가지가 여러 개 나와 자라게 되고 자라는 곁가지를 계속 수확하면 됩니다.

4월 3일 파종 4월 17일 쑥갓 모습

4월 3일 파종 4월 20일 쑥갓 모습

5월 15일 쑥갓 모습

5월 21일 쑥갓 모습

쑥갓 씨받기

쑥갓은 씨받기가 수월한 편에 속하는 채소입니다. 장마철 이전에
꽃을 피우고 장마 초기에 씨앗을 맺기 때문이지요. 유럽에서는 관
상용으로 기를 만큼 꽃을 보는 기쁨이 큰 채소입니다. 6월 중순에
꽃대가 올라오면 쓰러지지 않도록 지지대를 세워 묶어둡니다. 7월

자라는 줄기를 꺾어 수확

수확 후 곁가지가 자라는 모습

쑥갓 꽃

쑥갓 꽃망울이 맺힌 모습(5월 말)

꽃망울을 달고 있는 쑥갓(6월 중순)

꽃이 활짝 핀 쑥갓(6월 말)

씨앗이 익은 쑥갓(7월 중순)

중순에 쑥갓 씨앗 뭉치를 따서 잘 말려 비비면 가을에 심을 씨앗과 내년 봄에 심을 정도의 씨앗을 얻을 수 있습니다.

쑥갓 재배 주의사항

쑥갓에는 그다지 주의할 만한 병해충이 없어 수월한 채소에 속합니다. 그러나 가끔은 쑥갓의 꼭대기 부분에 진딧물이 많이 붙어 있는 모습을 볼 수 있습니다. 이때는 진딧물이 붙은 포기만 뽑아 땅에 묻어버리면 됩니다. 진딧물이 전체적으로 확 퍼져서 쑥갓 전체를 못 먹게 하는 경우는 없습니다.

열무 (배추과 잎줄기채소)

- 원 산 지 : 팔레스타인 지역
- 파종시기 : 봄 : 4~5월
  가을 : 8월 하순 ~ 9월 중순
- 수 확 : 자라면 수시로 수확
- 난 이 도 : 중
- 연작장해 : 있음
- 특 징 : 서늘한 기후를 좋아함
  적정온도 15~20℃
  고온기에는 기르기 어려움

　열무는 봄, 가을에 싱싱한 김치 재료로 많이 이용하는 채소입니다. 서늘한 기후를 오래 지속하는 봄·가을이 재배하기에 적합합니다. 여름에 약간 그늘이 지는 곳을 찾아 재배해도 되지만 병충해가 심하고, 무더위와 습기를 견디기 어렵습니다.

밭 만들기

　봄 열무는 상추, 쑥갓 등과 함께 3월 말~4월 중순에 파종하므로 밭을 조금 일찍 만들어두어야 합니다. 물이 잘 빠지는 밭은 이랑의 높이를 5~10cm로 해도 좋고, 습한 밭은 이랑의 높이를 20cm 이상 높게 만들어주어야 합니다. 열무는 습한 밭을 싫어하므로 물 빠짐이 좋은 곳을 골라 심는 것이 핵심입니다. 가을 열무는 특히 물 빠짐에 유의해서 이랑의 높이를 조금 높게 만들어야 합니다. 우리나라의 9월은 반드시 태풍을 동반한 비가 며칠씩 내리는 날이 있다는 사실을 감안하여 밭을 만들어야 합니다. 거름은 파종하기 1~2주 전에 완숙 퇴비를 1m²당 2kg 정도 넣고 밭을 일구면 좋습니다.

씨앗 준비 및 파종

열무 씨앗 중에는 여름 파종에 적합한 종자도 개발되어 있으니 심는 시기별로 각기 다른 종류의 씨앗을 준비하면 수월합니다. 준비된 밭에 20~30cm의 간격으로 줄뿌림합니다. 씨앗은 무 씨앗과 비슷합니다. 파종할 골은 호미로 흙을 살짝 긁어내고 골 중간에 열무 씨앗을 1~2cm 간격으로 한 알씩 뿌리고 흙을 1cm 정도 덮고 물을 흠뻑 뿌려주면 됩니다.

자라는 모습

파종 후 5~6일이 지나면 떡잎이 나오고, 며칠 더 있으면 본잎이 떡잎 사이에서 자라기 시작합니다. 파종 후 떡잎이 나오는 기간은 기온과 밀접한 관계가 있습니다. 기온이 높으면 일찍 싹을 틔우고 낮으면 늦게 싹을 틔우게 됩니다. 벼룩잎벌레가 만연하여 떡잎부터 상처를 내어 흉터를 남기고 본잎에도 계속 피해를 줍니다.

파종 10일 된 열무 떡잎   파종 20일 된 열무 모습

  파종 후 4주까지는 벌레 때문에 무척이나 고생하다 날씨가 좋아
지면서 벌레가 먹는 양보다 성장이 월등하게 빨라 열무를 수확할
수 있지요. 봄 재배의 경우 파종 초기에는 기온이 낮아 성장이 더디
고 벌레가 발생하여 더욱 힘들지요. 5월로 접어들면서 기온이 올라
가 성장이 왕성하게 되면 비로소 수확의 기쁨을 맛볼 수 있습니다.

  봄 파종 열무는 6월이 되면서 꽃대가 올라와 더 이상 채소로서
는 수확하기가 불가능합니다. 여름인 8월에 열무를 파종하면 잘 자
라다 9월의 비바람이 지나면 아래쪽 잎부터 누렇게 변하고 바람이
잘 통하지 않는 곳에서는 무름병에 걸린 열무가 보이기 시작합니다.
8월에 파종한 열무는 물 빠짐이 좋은 밭에 파종 골 사이를 넉넉하
게 잡아야 재배가 가능합니다.

파종 20일 지난 열무 밭 모습

열무에 붙은 벼룩잎벌레

파종 4주 된 열무

파종 6주 된 열무

열무의 연작장해

　배추과 채소를 같은 밭에 계속 기르면 동일한 벌레가 만연하여 못 쓰게 됩니다. 연작으로 발생하는 벌레 피해는 무, 배추의 경우와 비슷합니다. 다만 이른 봄에는 벼룩잎벌레가 열무를 힘들게 합니다. 이럴 때에는 배추과채소를 재배했던 밭을 피하는 게 요령입니다.

김매기

열무는 성장이 빠르므로 웃거름을 주면서 재배할 시간적인 여유가 없답니다. 그러므로 밭을 만들 때 조금 넉넉하게 퇴비를 넣어주고 재배하는 게 좋습니다. 봄에 파종하는 열무는 풀이 나기 전에 성장하므로 풀 걱정이 별로 없습니다. 이른 봄을 제외한 열무 재배는 모두 풀을 조심해야 합니다. 풀과 같이 싹을 틔워 자라는 열무가 풀에 덮이지 않도록 세심하게 관리해주어야 합니다.

수확

열무는 파종 3주 후부터 솎음 수확이 가능합니다. 본 수확은 파종 후 6~7주쯤 지나 모두 수확해서 김치를 담거나 남는 열무는 시래기를 만들어 냉동실에 두고 이용합니다.

8월 파종 열무 9월 중순의 모습

8월 파종 열무 밭의 풀

열무 꽃

봄 파종 열무는 몇 포기를 남겨두면 초여름에 꽃을 피우는 모습을 볼 수 있습니다. 보통의 경우는 꽃이 피고 씨앗 꼬투리가 생기면 노린재가 많이 달라붙어 건강한 씨앗으로 성숙하기 어렵습니다. 씨앗을 받으려면 모기장이나 양파망을 씌워 두어 노린재가 접근하지 못 하도록 해야 합니다.

오이 (박과 열매채소)

- 원 산 지 : 인도 서북부 히말라야
- 모종심기 : 4월 말 ~ 6월 말
- 수 확 : 7월 중순 ~ 10월 상순
- 난 이 도 : 상
- 연작장해 : 있음(2~3년)
- 특 징 : 따뜻한 곳에서 재배
  뿌리가 넓고 얕게 퍼짐
  저온에 약함

오이는 추운 계절을 싫어하는 성질을 갖고 있어요. 그래서 추위의 기준이 되는 서리를 피해서 길러보면 재미있는 수확물을 주는 열매채소가 될 것입니다. 줄기를 유인해서 기르는 지주대 세우기가 조금 힘들지만 밭에서 직접 딴 싱싱한 오이를 맛보는 즐거움이 있습니다.

종자 및 모종 준비

오이 모종은 지역의 종묘상이나, 전통 5일장에 가면 손쉽게 구할 수 있습니다. 재래종오이(조선오이)를 구하면 씨앗을 뿌려서 기르기도 쉽고 모종을 만들어 옮겨심기하기도 좋습니다. 지역에서 재배하는 전통 재래종의 오이가 있으면 구해서 심어보기를 권합니다. 이런 종류의 오이는 병충해에 강하고 계속해서 씨받기를 하면서 기를 수 있습니다.

모종 기르기

　오이는 본밭에 직접 파종하여 솎아내면서 가꿔도 되고, 모종을 심어도 됩니다. 파종하기 1~2주 전에 완숙퇴비를 1m²당 2kg 정도 넣고 밭을 일굽니다. 파종은 호미로 땅을 조금 긁어내고 10~20cm 에 하나씩 씨앗을 넣고 흙을 1cm 정도 덮고 물을 흠뻑 뿌리면 됩니다. 오이를 길러보면 쌍떡잎식물의 표준 떡잎을 관찰할 수 있습니다. 예전에는 모종을 길러 옮겨 심었지만 요사이는 직파하여 가꾸고 있습니다. 오이는 본 자리에 씨앗을 심어 길러도 잘 자랍니다.

밭의 선정

　오이 줄기는 3m 이상 자라므로 이를 감안하여 기르는 장소를 선정해야 합니다. 주변에 오이의 그늘에 들어가 잘 자라지 못하는 채

4월 24일 파종 2주 지난 모습

4월 24일 파종 4주 지난 모습

오이가 자란 모습

소가 없도록 밭의 귀퉁이에 기르면 좋습니다.

오이는 물이 잘 빠지면서 보습성이 좋은 장소를 선정해야 합니다. 물이 잘 빠지지 않으면 뿌리가 습해를 받는 일이 생기고, 물 빠짐이 너무 좋으면 여름철 건조한 날씨에 잎이 마르기 쉽습니다. 그래서 물주기 쉬운 장소에 기르는 게 좋습니다.

오이 지주대 만들기 및 아주심기

오이는 줄기를 키우면서 덩굴손이 나와 주변의 물체를 감으면서 위로 자라는 덩굴성식물입니다. 그래서 오이를 유인할 수 있는 지주

합장식 오이 지주대 세워서 기르기

일자식 오이 지주대 세워서 기르기

아주 심은 지 1주일 된 오이

를 세워주는 게 좋습니다. 오이를 유인하는 대는 삽으로 30~40cm 되는 구덩이를 파고 유인대로 사용할 나무를 심고 발로 밟아 단단히 고정시킨 다음 지주용 나무가 만나는 곳에다 고추밭에 사용하는 비닐끈이나 선물용 포장끈을 모아두었다 이것을 이용하여 단단히 묶어줍니다. 아니면 지난해에 토마토를 심을 때 이용했던 지지대를 써서 약간 손을 보아 지주대로 사용해도 됩니다.

- 지주대 옆으로 거름을 넣고 심을 곳을 마련한다.
- 1m 정도 간격으로 오이 심을 구덩이를 파고 물을 흠뻑 뿌려둔다.
- 모종을 기르던 모종밭의 오이에도 물이 뿌리 깊숙이까지 스며들도록 뿌려준다.
- 모종삽을 들고 한 포기씩 정성들여 뿌리가 다치지 않도록 파내어 아주 심을 구덩이에 한 포기 또는 두 포기씩 심는다. (구입한 오이 모종의 경우 포트에서 뽑아 심는다.)

오이 자라는 모습

4월 말 파종한 오이는 파종 후 약 10~11주 정도 지나야 수확이 가능하지만, 5~6월에 파종하면 성장이 빨라 8~9주만 지나도 수확이 가능합니다. 아주 심은 지 6주가 지나면 넝쿨이 우거지고 꽃이 많이 피고, 8주가 지나면 작은 오이가 탐스럽게 열리기 시작합니다.

아주 심은 지 6주 된 오이

아주 심은 지 8주 부터 수확

아주 심은 지 9주 7월 말 모습

아주 심은 지 11주 8월 초 모습

오이 줄기 손보기

오이가 자라 줄기가 많이 뻗어나는 시기인 7월 말이 되면 순이 한 꺼번에 엉기면서 자라는 줄기를 과감하게 제거해줍니다. 세워둔 지 지대 위로 여러 개의 줄기가 엉겨 붙어 자라는 곳을 잘라주면 되지 요. 오이를 수확하면서 오이 줄기 주변에 약간씩 탈색되고 노란색

오이 암꽃이 피기 전의 모습   오이 수꽃 모습

으로 변해가는 잎이나 말라가는 잎이 있으면 따주어야 합니다. 그래야만 바람과 햇빛이 잘 들거든요.

수확

7월로 접어들면서 줄기에 오이가 대롱대롱 달리기 시작합니다. 꽃이 피는가 싶으면 이내 길이가 15cm 이상 되는 성숙한 오이가 되어 버리지요. 가위를 들고 하나씩 정성들여 꼭지를 잘라 수확하면 됩니다. 밭에서 바로 딴 오이를 한 입 베어 물면 봄부터 오이를 가꾸는 보람을 느낄 수 있을 겁니다.

처음에 달리는 첫물오이는 오이와 줄기를 잇는 꼭지가 비교적 길게 자랍니다. 8월로 접어들면 꼭지 부분의 길이가 조금씩 짧아지는 모습이 눈에 띕니다. 9월에는 꼭지가 줄기에 거의 붙어 있는 형상의

첫물오이의 꼭지

수확 중기 꼭지

끝물오이의 꼭지

적당한 시기에 수확한 오이

오이가 달려 있습니다. 오이와 줄기를 이어주는 부분이 짧아지면 수확할 수 있는 시기가 끝나는 시점으로 보면 무난합니다.

웃거름 주기 및 포기 관리

오이는 뿌리가 넓게 땅 위로 퍼지는 식물이므로 이에 맞게 웃거름도 포기를 중심으로 넓게 뿌려줍니다. 거름을 뿌리고 주변의 흙을 떠다 조금 덮어두면 됩니다. 이는 거름이 햇빛에 노출되어 거름에 있는 미생물이 죽는 것을 방지하려는 것입니다. 오이는 아주 심고 난 후 열매가 열리는 기간이 길므로 웃거름을 7월 중순과 8월 중순에 걸쳐 2차례 정도 주면 좋습니다. 거름은 포기당 한 번에 400g 정도를 주고 깻묵을 한 컵 주고 난 다음 낙엽이나 짚 등으로 덮어주면 수분 보존 효과와 풀이 돋아나는 것을 함께 방지할 수 있습니다.

종자용 오이의 관리 및 씨받기

8월 중순이 되면 수확하기 힘들었던 곳, 혹은 모르고 지나쳐 수확이 늦어진 오이가 보입니다. 그러면 다음해 종자용으로 한두 개 늙혀두고 씨앗을 받으면 됩니다. 씨앗을 받을 오이는 완전히 성숙

종자용 오이

오이 덩굴쪼개짐

323

할 때까지 기다렸다 따냅니다. 칼로 갈라 씨앗을 꺼내 물로 잘 씻어서 말리면 됩니다.

오이 재배 주의사항

덩굴 쪼개짐은 시중에서 모종을 구입하여 오이를 가꿀 때 가장 많이 나타나는 현상입니다. 병의 초기에는 햇빛이 강한 낮에는 잎이 시들시들 하다가 해가 지는 저녁이 되면 잎이 생기를 찾으므로 병을 발견하기 어렵습니다. 그러다 덩굴쪼개짐이 진행되면서 점점 잎이 마르고 줄기 전체가 말라죽게 됩니다. 그러나 재래종 오이는 덩굴쪼개짐이 나타나도 병적으로 진행되지 않고 계속 자라는 특징이 있답니다.

옥수수 (벼과 열매채소)

- 원 산 지 : 남미(페루, 멕시코 등)
- 파종시기 : 4월 말 ~ 6월 중순
- 수   확 : 7월 중순 ~ 9월 말
- 난 이 도 : 중
- 연작장해 : 있음
- 특   징 : 따뜻한 곳에서 재배
              저온에 약함
              기온차가 있으면 단맛이 좋음

　　옥수수는 싹이 트는 데 어느 정도의 기온이 요구되는 식물입니다. 따라서 추위가 끝나고 지온이 10℃ 이상 올라가는 4월 중순 이후가 파종의 적기라고 보면 됩니다. 지역에 따라 다르므로 이를 감안해서 길러야 서리에 얼어 죽는 옥수수가 생기지 않습니다. 요즈음에는 대학찰옥수수와 강원도지역의 찰옥수수가 매우 인기가 좋습니다. 소규모의 텃밭이나 주말농장에서 10여 포기 정도 길러보려면 종자를 구입하기 보다 종묘상이나 전통 5일장에 나오는 모종을 구입하여 심는 편이 수월합니다. 옥수수는 주로 풋옥수수를 수확하여 쪄먹기 위해 재배합니다. 풋옥수수를 연속으로 수확하려면 1주일 간격으로 파종 시기를 달리하여 4월 말에서 6월 중순까지 조금씩 파종하여 옮겨 심으면 됩니다. 파종하고, 옮겨 심고, 물을 주고, 관리하는 것이 많이 번거롭지만 충분히 시도해볼만 합니다.

모종 기르기

예전에는 옥수수를 밭 한 곳에 3~4알씩 직접 심는 직파방식으로 재배했습니다. 그러나 요사이에는 까치, 비둘기, 꿩 등의 새들이 피해를 주어 모종을 길러 아주심기 하는 재배법이 일반적입니다. 모종을 기를 밭에 파종 1~2주 전에 완숙퇴비를 1m²당 2kg 정도 뿌

시중에 판매하는 옥수수 모종

그물을 치고 옥수수 모종 기르는 모습

5월 5일 파종 5월 21일 모습

파종 3주 옮겨심을 준비하는 모습

리고 준비해둡니다. 파종은 나중에 옮길 때 모종삽으로 한 포기씩 떠내기 편하게 줄 간격 15cm에 씨앗 간의 간격을 7~10cm 되도록 하면 편리합니다. 파종 골은 호미로 1cm 정도 파내고 옥수수를 7~10cm에 하나씩 넣고 흙덮기는 1cm 정도 하면 됩니다. 파종 직후 활대를 적당하게 설치하고 위에 한랭사나 새그물을 친 다음 그물이 벗겨지지 않게 해두고 물을 흠뻑 뿌려주면 됩니다.

모종의 키가 10~15cm 정도 되는 시기에 아주심기를 해주면 됩니다. 파종시기의 온도에 따라 달라지지만 5월 중순에 파종하면 2주 만에 모종으로 성장하고, 4월 말에 파종하면 3주 정도 걸립니다.

아주심기 준비

옥수수는 퇴비를 많이 주어야 하는 작물이므로 아주심기 1~2주 전에 퇴비를 1m²당 3kg 정도, 깻묵 4컵(800g) 정도를 넣고 일구어 둡니다. 밭을 미리 만들고 거름을 넣고 할 틈이 없으면 일단 옥수수를 옮겨 심고 2~3주 후 퇴비와 깻묵을 웃거름으로 주면 됩니다. 웃거름은 옥수수 포기에서 15cm 정도 떨어진 곳에 호미로 구덩이를 10cm 깊이로 파고 퇴비와 깻묵을 섞어둔 것을 1~2주먹 넣고 흙을 가볍게 덮어주면 됩니다. 아주 척박한 밭이면 옥수수 포기 양쪽으로 구덩이를 파고 퇴비를 넣어줍니다. 옥수수는 여러 줄로 심는 것이 나중에 가루받이가 잘 되어 충실한 옥수수가 되므로 3~4줄로 심는 것이 좋습니다. 이빨 빠진 옥수수는 옥수수 가루받이가 잘 안 될 때 생기는 현상입니다.

옥수수를 심을 밭이 마땅하지 않다면 밭의 경계를 이루는 곳이나 둑의 가장자리에 심어도 됩니다. 밭을 만들어 심을 형편이 못 되는 경우엔 밭둑이나 작물이 자라는 사이에 띄엄띄엄 한 포기씩 심어두는 것도 좋습니다. 예전에 시골의 콩밭에 드문드문 심어둔 옥수수가 잘 자라는 것을 본 적이 있을 것입니다. 이는 옥수수가 퇴비를 많이 주어야 하는 작물이고 콩은 공기 중의 질소를 뿌리로 고정시키는 역할을 하므로 서로 어울리는 작물이기 때문입니다.

아주심기

3줄심기의 경우 줄 간격 40~50cm 정도에 포기 간격이 30cm 정도 되도록 심는 것이 보통입니다. 밭둑이나 밭의 경계부에 길게 한 줄로 심는 경우는 포기 사이 간격을 조금 좁게 25cm 정도로 하면 됩니다. 옮겨 심고 난 직후에 물을 흠뻑 뿌려주어 뿌리와 흙이 밀착되게 해주면 잘 자랍니다.

옥수수 자라는 모습

아주심기 후 2주가 지나면 빠른 것은 곁가지가 나오기 시작합니다. 4주가 지나면 키가 1.5m 이상 자랍니다. 재래종 옥수수는 2~3

아주 심고 3주 지난 모습

아주 심고 9주 지난 모습

개의 작은 옥수수자루에 알이 꽉 차는 것도 있지만 요즘 개량종
은 한 포기에 충실한 한 자루의 옥수수를 수확하는 게 보통입니다.

곁가지 제거하기

옥수수를 아주 심고 2~3주가 지나면 곁가지가 생기기 시작합니
다. 곁가지는 보이는 대로 모두 제거해주는 것이 좋습니다. 보통 곁
가지는 옥수수 1포기에서 2~3개 발생하는 것이 보통입니다.

수확

완전히 익으면 풋옥수수로 먹기 어렵습니다. 수염이 약간 말라가
는 게 보일 때가 수확 적기입니다. 수확할 시기를 며칠만 지나도 딱
딱해져서 쪄먹기 어렵지요. 수염이 말라 있는 옥수수 껍질의 윗부

곁가지가 생긴 모습

곁가지가 많이 자란 모습

옥수수 가루받이 모습

수확시기를 알리는 옥수수수염

분을 조금 벗겨내어 손톱으로 옥수수 알맹이를 눌러보아 약간 자국이 생기면 수확하세요. 옥수수는 수확 직후부터 당도가 서서히 줄어드는 성질이 있으므로 바로 삶아 먹어야 맛이 좋습니다.

관리 요령

옥수수는 보통 바람에는 어느 정도 견디는 편이나 비가 와서 무거워지고 땅이 물러져 있을 때 바람이 불면 쓰러지는 포기가 많이 발생합니다. 미리 말목을 박아 끈으로 고정시켜주면 좋겠지만 옥수수를 고정시키는 정도의 말목을 구하기 쉽지 않고 끈으로 매어주는 것조차 쉽지 않습니다. 보통은 비바람이 치기 전에 옥수수 대의 중간 이상 부위에 끈으로 서로 묶어놓아 견디게 해줍니다. 익어가는 옥수수가 쓰러지면 새와 쥐가 파먹기도 해요.

옥수수 재배 주의사항

새 또는 쥐가 쓰러진 옥수수를 갉아 먹는 경우와 옥수수 대를 파고 들어가 갉아먹는 조명나방애벌레가 있습니다. 이 벌레가 파먹어

비바람에 쓰러진 모습

쓰러진 옥수수 파먹은 모습

벌레가 파먹은 흔적

옥수수를 파먹는 애벌레

어떤 줄기는 쓰러지기도 합니다. 조명나방애벌레가 옥수수를 파고 들어가서 줄기도 갉아먹고 때로는 옥수수 열매를 먹기도 합니다. 그러나 피해를 입는 옥수수는 그다지 많지 않습니다.

쪽파 (백합과 잎줄기채소)

- 원 산 지 : 명확하지 않음
- 파종시기 : 8월 중순 ~ 9월 초순
- 수   확 : 9월 하순 ~ 4월 하순
- 난 이 도 : 중
- 연작장해 : 있음(1~2년)
- 특   징 : 서늘한 기후를 좋아함
           휴면성이 있음
           비늘줄기(알뿌리)로 번식

쪽파는 다른 채소에 비해 파종 시기가 제한적입니다. 휴면성이라는 특성을 갖고 있기 때문인데, 휴면을 깨려면 약 20일 이상 30℃ 이상에 있어야 합니다. 그래야만 쪽파 알뿌리에서 싹이 돋아나거든요. 쪽파는 서늘한 기후를 좋아하는 채소라서 파종 시기를 8월 중순에서 9월 초까지 잡으면 됩니다.

밭 준비, 씨쪽파 준비하기

파종 2~3주 전에 완숙퇴비를 1m²당 3~4kg 뿌리고 깻묵을 4컵(800g) 정도 넣어 살짝 일구어놓으면 됩니다. 쪽파는 산성인 밭을 싫어하므로 퇴비를 넣고 일구기 전에 석회를 1m²당 100g 정도 넣어주는 게 아주 좋습니다. 두둑의 높이는 10cm 정도로 하고, 폭은 1m 정도로 하면 무난합니다.

쪽파 재배 참고용 밭 모습

씨쪽파를 준비하여 정리해둔 모습

　쪽파는 마늘처럼 생긴 씨쪽파를 구해서 심어야 합니다. 8월 중순 이후에 종묘상이나 지역의 전통 5일장에 나가면 쉽게 구할 수 있습니다. 이때 아주머니나 할머니들이 들고 나오는 씨쪽파를 구입하는 게 좋습니다. 종묘상에서 판매하는 종자는 전문적으로 종자를 생산하는 타 지역의 종자라 지역 적응성이 떨어지기 때문입니다. 또 다른 이유를 들자면, 휴일을 맞아 지역 5일장을 찾으면 왠지 활기를 느낄 수 있기 때문이죠. 한 바가지 구입하면 한 주먹을 덤으로 주는 인정도 느낄 수 있고요! 씨쪽파를 보면 이미 싹을 내밀고 있는 것이 보이기도 하고, 아래 부분에는 새로운 뿌리가 성장하고 있는 모습을 보이기도 합니다. 이러한 새로운 싹과 뿌리를 모두 가위로 정리하면 파종 후 일정하게 동시에 자라므로 관리가 수월해집니다.

파종

만들어둔 밭에 20cm 정도의 간격으로 깊이 5cm로 호미를 이용하여 파냅니다. 파낸 골에 씨쪽파를 10cm 기준으로 하나씩 싹이 나는 부분이 위로 가도록 두고 흙을 1cm 정도 덮어주면 됩니다. 종자가 조금 크고 튼실한 씨쪽파는 하나를 심고, 조금 작은 것은 2~3개를 붙여서 심는 것이 좋습니다. 쪽파가 어릴 때 수확할 목적이라면 조금 조밀하게 심고, 이듬해 봄에 수확할 계획이라면 조금 더 넓게 심습니다. 이듬해 씨쪽파로 수확하는 경우엔 간격을 더욱 넓게 잡아야 합니다.

쪽파 파종 옆에서 본 모습

덮인 흙덩이를 밀고 올라오는 새싹

파종 2주 된 쪽파 모습

11월 초의 쪽파 모습

한겨울의 쪽파 모습

쪽파 자라는 모습

파종이 끝나고 5일쯤 지나면 싹이 돋아납니다. 힘차게 올라오는 싹 위에 흙덩이가 조금 있는 것은 아무런 문제도 되지 않습니다. 한 알의 씨쪽파를 묻었을 뿐인데 어찌 한꺼번에 이렇게 많은 새싹이 돋아나는지…… 쌤도 여전히 궁금하답니다.

3월 26일의 쪽파 모습

4월 5일의 쪽파 모습

알뿌리를 남기고 쓰러져가는 모습

알뿌리를 캐서 종자를 준비할 시기

    겨울을 지난 쪽파는 봄에 조금씩 자라면서 꽃대가 우뚝 솟아오릅니다. 쪽파도 꽃이 핀다는 사실에 신기해 할 따름입니다. 항상 모든 포기가 꽃이 피는 부추, 대파 등의 백합과 채소와 달리 전체 중에 아주 일부만 꽃을 피웁니다.

쪽파 꽃망울

쪽파 꽃

파종 6주 된 쪽파 모습

한 알의 쪽파가 늘어난 모습

수확

싹이 돋아나고 20~30일이 지나면 솎아서 양념장으로 이용할 만큼 자랍니다. 추위가 심해지면 파 줄기가 힘이 없어지고 축 처지는 모습을 보일 때까지 가을 수확이 가능합니다. 월동 후 5월 말에 수확하는 씨쪽파는 많게는 20개, 작게는 10여 개가 붙어 있습니다.

338

쪽파 관리

　쪽파는 파종하는 시기가 가을이라 그 사이 바닥을 기는 풀을 많이 보게 됩니다. 가을에 이런 풀들을 방치해두면 잠자는 듯이 겨울을 났다가 이른 봄 쪽파를 덮어버립니다. 아래의 모습과 같이 되는 밭은 이듬해 봄에는 쪽파가 어디 있는지 모를 정도가 되어버리

이른 봄 쪽파 밭의 풀

쪽파 밭에 돋아난 가을 풀

쪽파 웃거름 주는 모습 3월 중순

웃거름 주고 난 뒤의 쪽파 밭

죠. 풀이 자라는 것을 봐가면서 어느 정도 풀을 정리해주는 노력이 필요합니다.

쪽파는 월동 후 3~4월에 많이 성장합니다. 밑거름으로 넣어준 퇴비만으로는 월동 후 성장을 감당하지 못합니다. 그래서 3월에 쪽파가 심겨진 포기 사이를 호미로 죽 10cm 정도 파내고 퇴비를 넣고 흙을 살짝 덮어주면 좋습니다.

씨받기

지난해 심은 쪽파가 월동을 하고 5월 중순으로 접어들면 줄기가 쓰러지는 모습이 보입니다. 줄기가 쓰러지는 정도가 80% 이상이면 땅속에 있는 알뿌리를 캐서 말리면 씨쪽파가 됩니다. 캐낸 알뿌리는 흙을 털고 하나씩 쪼개고 마른 줄기 또는 수분이 있는 줄기를

쪽파 알뿌리(종자) 수확 모습

쪽파 알뿌리를 보관하는 모습

정리하여 하루 정도 말린 다음 양파 망에 담아 바람이 잘 통하는 그늘에 매달아두면 됩니다. 아파트의 경우는 베란다가 좋습니다.

쪽파 재배 주의사항

쪽파를 재배할 때는 까치의 피해에 신경을 써야 합니다. 쪽파를 심고 1주쯤 지나면 싹이 올라오기 시작하는데 이때 까치들이 제 먹거리인 양 착각하여 뽑아내기도 합니다. 또 두더지가 먹을 것을 찾아 헤매느라 쪽파 밭 아래 지하통로를 만드는 바람에 들떠서 말라 죽기도 하지요. 가장 흔한 병으로 잎마름병이 있습니다. 잎마름병에 걸리면 쪽파가 잎 끝부터 조금씩 말라가므로 마른 부위를 제거하고 이용하면 됩니다. 상품성이 없고 다듬을 때 힘들어서 그렇지 이용하는 데에는 별 지장이 없습니다.

두더지가 쓰러뜨린 쪽파

잎마름병에 걸린 쪽파 모습

토마토 <small>(가지과 열매채소)</small>

- 원 산 지 : 아메리카대륙의 고원지대
- 모종심기 : 4월 하순 ~ 5월 상순
- 수　　확 : 7월 중순 ~ 10월 상순
- 난 이 도 : 상
- 연작장해 : 있음
- 특　　징 : 따뜻한 기후를 좋아함
　　　　　 7℃ 이하 성장 정지
　　　　　 여러해살이식물
　　　　　 물빠짐이 좋은 곳에 재배

　따뜻한 곳을 좋아하는 식물이라 날씨가 충분히 따뜻해졌을 때 심는 것이 좋습니다. 원산지에서는 여러해살이식물이지만 우리나라의 겨울을 견디기 힘들어서 1년생 식물로 기릅니다.

밭 준비

　토마토는 물 빠짐이 좋고, 햇볕을 잘 받으며, 뿌리가 깊게 뻗을 수 있는 장소를 선택해서 길러야 합니다. 그래야만 좋은 결과를 얻을 수 있습니다. 토마토는 퇴비를 많이 넣고 기르는 것이 좋아요. 다른 작물에 비해 조금 많은 양의 퇴비인 1m²당 5kg 정도와 깻묵 5컵 (1kg)을 넣고 밭을 일구고 두둑 간의 간격이 80~120cm, 두둑의 높이 30cm 정도, 두둑의 바닥 너비 50cm 정도로 만듭니다.

모종 준비 및 심기

토마토 모종은 지역의 5일장이나, 주변의 종묘상에서 구입하면 됩니다. 모종은 과일이 큰 종류와 방울토마토가 있지요. 줄기가 굵고, 잎색이 짙은 녹색이며 줄기에서 잎의 간격이 좁은 것이 좋은 모종입니다. 구입한 포트 모종에 물을 흠뻑 주어 모종을 감싸는 흙이 젖도록 해두면 뽑을 때 뿌리가 덜 상합니다. 두둑을 호미로 조금 파내고 포트 안에 있을 때 흙에 잠긴 부분만큼 묻히도록 심는 게 좋습니다. 모종은 해거름에 심고 물을 주는 것이 옮김 몸살을 덜합니다.

지주 세우기

토마토는 심을 장소에 미리 지주를 고정시켜 두고 심는 것이 좋습니다. 지주는 두둑을 30cm 이상 파내고 길이 2m 정도 되는 나

시중에서 판매하는 모종

왼쪽이 큰 과일, 오른쪽이 방울토마토

개별 지주를 세워 기르는 모습   합장식 지주를 세워 기르는 모습

무막대를 묻어 단단히 밟아주어 고정시켜야 합니다. 지주의 간격이 나중에 모종 심는 간격이 되므로 50cm 이상을 유지하는 것이 좋습니다.

토마토 자라는 모습

토마토는 기온이 20℃ 이상 되면 잘 자라는 식물입니다. 그리고 토마토는 약간 건조한 밭을 좋아합니다. 6월이 되면 일주일에 한 번 정도 줄기를 손질해주어야 하며, 곁가지도 따주고 지주에 묶어주는 작업을 해야 합니다. 아주심기한 지 2개월이 지나면 제일 아래 부분의 토마토부터 익어가기 시작합니다. 밭에서 자연스럽게 완숙된 토마토를 하나 따서 맛본 사람은 그 맛을 절대 잊지 못합니다.

보통 토마토 꽃

방울토마토 꽃

밭에서 완숙된 토마토

익어가는 방울토마토

관리 요령

곁가지 제거하기 : 토마토가 본격적으로 자라기 시작하는 6월이 되면 잎을 달고 있는 줄기와 원래 자라는 원줄기 사이에서 곁가지가 발생합니다. 이 곁가지는 모두 제거해주어야 합니다. 곁가지를 제거하지 않으면 줄기가 무성하게 되어 열매도 부실하고 바람이 통하기 어려워 병에 걸리기 쉽습니다. 잘라낸 곁가지를 밭에 심고 물을 주면 토마토로 자랍니다. 즉, 꺾꽂이가 잘 되는 식물이죠.

줄 매기 : 토마토는 지주를 세워 줄기를 묶어주어야 합니다. 묶는 간격은 20~30cm가 좋아요. 그래야 과일의 무게를 지탱하거든요.

약한 잎 제거하기 : 줄기가 자라고 열매가 익어감에 따라 줄기의 아랫부분부터 잎이 약간씩 말라갑니다. 역할을 다한 잎이 생기는 것이죠. 이런 잎은 가위로 잘라줍니다. 연약해진 잎을 제거하면

싱싱한 잎들이 더 많은 햇빛을 볼 수 있게 되고, 공기의 흐름도 좋아져 병치레를 덜하게 됩니다.

웃거름 주기 : 토마토는 한번 심어두면 서리가 내릴 때까지 열매를 맺으므로 추가적인 웃거름이 필요해요. 웃거름은 아주심기한 지 2개월쯤 뒤 첫 열매가 익어갈 무렵 토마토 줄기에서 20cm 정도 떨어진 곳에 작은 구덩이를 10cm 정도 파고 거름을 2주먹 넣고 흙을 덮으면 됩니다.

토마토 밭의 풀

토마토가 어릴 때 풀에 묻히지 않을 정도로 풀 관리를 해주어야 합니다. 토마토는 비교적 띄엄띄엄 심는 작물이라 풀이 잘 자라거든요. 수시로 돋아나는 풀을 뽑아서 토마토 줄기 아래에 깔아줍니다.

원줄기와 잎줄기 사이의 곁가지

아래의 말라가는 잎줄기는 제거한다

7월 말 토마토 밭의 풀

수확

토마토가 익어가면서 붉은 색깔이 되기 시작하면 언제 따는 것이 좋을지 몰라 난감해집니다. 매일 밭에 가볼 수 있다면 잘 익은 상태에서 수확하는 것이 가장 좋지요. 하지만 주말에만 갈 수 있다거나 1주 걸러 들르는 경우라면 수확 시기를 조금 앞당겨 붉은 기운이 감도는 조금 덜 익은 토마토를 수확하는 게 좋습니다. 토마토는 수확 후 가만히 두면 익어가는 성질이 있습니다. 이를 '후숙'이라고 합니다.

토마토 재배 주의사항

토마토는 한꺼번에 심한 병을 앓는다거나 수확이 불가능할 정도로 병충해가 만연하는 경우가 드뭅니다. 심고 관리만 잘 하면 먹을 만큼의 열매를 얻을 수 있지요. 그러나 장소에 따라 새들이 피해를 입힐 수 있고, 만일 가뭄이 오래 지속되다가 소나기라도 한 번 내리면 과일이 터지는 현상(열과현상)을 볼 수 있답니다.

새에 의한 피해 : 큰 과일 토마토가 주로 까치의 피해를 입고, 방울 토마토에는 새의 피해가 없습니다. 잘 익은 붉은 색의 큼지막한 토마토가 주로 새의 피해를 입습니다.

열과현상 : 방울토마토가 익으면서 갈라지는 모습이 보입니다. 이를 열과현상이라고 합니다. 수분이 너무 많이 유입되어 열매가 갈라지는 것이죠.

새가 파먹은 토마토

방울토마토 열과현상

Action2

내 손으로 가꾸는 여러가지 채소

적환 무 (배추과 뿌리줄기채소)

- 원 산 지 : 지중해 연안
- 파종시기 : 4월 초순 ~ 4월 말
  8월 하순 ~ 9월 하순
- 수   확 : 파종 30일 이후 수시로
- 난 이 도 : 중
- 연작장해 : 있음
- 특   징 : 서늘한 기후를 좋아함
  고온기에서 기르기 어려움
  저온에서는 성장이 더딤

작은 무가 빨간 스타킹을 신은 것처럼 보이는 채소입니다. 20일 무, 적환 무, 코매트, 래디시 등으로 불리기도 합니다. 20일 무라 하는 것은 기온이 적당하면 20일 만에 수확이 가능하다고 붙여진 이름입니다. 뿌리의 겉부분만 빨간색이고 내부는 흰색이며, 아삭거리는 맛이 좋아 샐러드 재료로 많이 이용됩니다.

밭 준비 및 파종

물 빠짐이 좋은 밭을 골라 1m²당 3kg의 완숙퇴비와 깻묵을 2컵

(400g) 정도 넣고 두둑의 폭이 1m 정도 되도록 만들어둡니다. 두둑의 높이는 10cm 정도로 하면 됩니다. 줄 간격은 20~30cm로 하고 파종 골을 호미로 죽 긁고 2~3cm에 하나씩 씨앗을 넣고 1cm 정도 흙을 덮으면 됩니다.

20일 무 자라는 모습

파종 후 3~4일이면 얕게 묻힌 씨앗은 싹이 돋아나고 늦어도 1주일 정도면 완전하게 싹을 틔웁니다. 파종 2주 정도 지나면 본잎이 2~3장 자라게 되고 4주 정도 지나면 수확하여 이용할 만큼 자라게 됩니다. 약간 어릴 때 수확하여 이용하는 것이 좋습니다.

솎아내기

본잎이 1장일 때 포기 사이의 간격을 3~4cm 정도 유지하고, 본잎이 3~4장일 때 5~6cm 유지하는 것이 좋습니다. 이후에 자라는 정도를 봐가면서 최종적으로 포기 간격이 10cm 정도 되도록 솎아내면 동글한 20일 무가 됩니다. 솎아내기가 제대로 되지 않으면 뿌리가 다음 사진과 같이 길쭉하게 자라버려 모양이 좋지 않게 됩니다.

수확

파종 후 3~4주 정도면 복잡한 곳을 솎아서 수확할 수 있고 이후

20일 무 싹트는 모습. 파종 5일

20일 무 자라는 모습. 파종 2주

20일 무 자라는 모습. 파종 4주

20일 무 자라는 모습. 파종 6주

2주 정도 지나면 모두 뽑아서 이용하면 됩니다. 수확시기가 늦어지면 뿌리가 갈라지는 경우가 생기므로 수확을 약간 빨리하는 것이 요령입니다. 가을 재배의 경우 수확시기가 늦어지면 서리를 맞게 되어 잎줄기 부분을 못 쓰게 됩니다. 저온에 견디는 정도가 다소 떨어지므로 서리가 내리기 전에는 수확을 마쳐야 합니다.

복잡하게 자란 뿌리

주변에 돋아나는 풀

풀 관리 및 주의사항

20일 무는 풀보다는 빨리 자라므로 비교적 풀에 대해 자유롭습니다. 가을 파종의 경우 냉이, 별꽃, 비름 등이 많이 자라므로 상황에 따라 한 번 정도 주변의 풀을 정리해주면 좋습니다. 20일 무는 서늘한 기온이 유지되는 시기에 파종하면 무난하게 길러볼 수 있습니다. 다만 배추과의 채소를 재배하던 밭과는 조금 떨어진 곳을 선정해야 잎벌레의 피해를 줄일 수 있습니다. 다른 채소보다는 과감하게 솎아주어 복잡하게 자라지 않도록 하는 게 중요합니다.

청경채 (배추과 잎줄기채소)

- 원 산 지 : 중국 화중지방
- 파종시기 : 4월 초순 ~ 4월 말
  9월 상순 ~ 9월 하순
- 수   확 : 파종 30일 이후 수시로
- 난 이 도 : 중
- 연작장해 : 있음
- 특   징 : 서늘한 기후를 좋아함
  고온기에는 기르기 어려움
  저온에서는 성장이 더딤

청경채는 최근 우리나라에서 재배를 시작한 중국 원산의 채소입니다. 쌈밥집에서 많이 이용하면서 대중적으로 유명해진 채소이기도 합니다. 생식, 나물, 국 등의 재료로 이용됩니다. 흔히 짬뽕국물에 많이 사용합니다. 가을 재배가 수월하므로 9월 중순에 파종하면 좋습니다.

밭 준비 및 파종

물 빠짐이 좋은 밭을 골라 1m²당 3kg의 완숙퇴비와 깻묵을 2컵 (400g) 정도 넣고 두둑의 폭이 1m 정도 되도록 만들어둡니다. 두둑의 높이는 10cm 정도로 하면 됩니다. 줄 간격은 20~30cm로 하고 파종 골을 호미로 죽 긁고 1~2cm에 하나씩 씨앗을 넣고 5mm 정도 흙을 덮으면 됩니다. 옮겨심기가 잘 되는 채소이므로 복잡하게 싹이 튼 곳의 청경채는 뽑아서 심으면 됩니다.

청경채 자라는 모습

파종 3주가 지나면 솎아내어 이용할 수 있을 만큼 자랍니다. 4주

청경채 싹트는 모습. 파종 1주　　　　청경채 자라는 모습. 파종 2주

청경채 자라는 모습. 파종 4주　　　　청경채 자라는 모습. 파종 5주

정도 지나면 포기가 큰 것은 이용하면 되고, 5주 이후는 수시로 수확해서 쌈이나 찌개에 이용하면 됩니다. 봄 재배보다는 가을에 재배하는 청경채가 기르기도 쉽고 아삭한 맛도 뛰어납니다.

수확

파종 후 3주 정도면 복잡한 곳을 솎아서 수확할 수 있고 이후에는 포기가 큰 것부터 차례로 밑동을 잘라 수확하면 됩니다. 상추처럼 아랫잎부터 한 장씩 수확해서 이용하는 방법도 있습니다. 청경채는 수분 함량이 많아 시원한 맛이 좋습니다. 청경채가 서리를 맞

11월 말의 모습

으면 단맛이 조금 느껴지지만 퍼석퍼석한 느낌이 듭니다. 쌈으로 이용하려면 서리를 맞지 않는 것이 좋습니다. 서리를 계속 맞으면 옆의 모양처럼 잎에 흰색의 줄무늬가 선명해지고 잎의 끝부분이 변색되기도 합니다.

풀 관리 및 주의사항

청경채가 자라면서 여러 가지 풀도 함께 자라게 됩니다. 잠시 한눈을 팔면 풀이 우거져 청경채를 못 쓰게 만들기도 합니다. 초기에는 밭을 일구거나 하면 발아가 조금 더디게 되어 별것 아닌 것처럼 보일 수도 있으나, 시간이 지나면 풀의 성장이 늘 채소의 성장보다 빠르게 되지요. 씨앗이 작아 파종을 골고루 하기에 무척 힘든 작물이라 자라는 모습을 봐가면서 솎아내는 작업이 필요하게 됩니다.

돋아나는 풀, 파종 3주

잘 자라는 풀, 파종 6주

잎벌레에 모두 없어진 청경채

파종 2주 후에는 5cm 간격에 한 포기씩 자라게 하고, 키가 커짐에 따라 포기의 간격을 넓게 해주어야 합니다. 청경채는 물을 많이 필요로 하는 채소이므로 수시로 물을 주면 좋습니다.

청경채는 배추과의 식물이 가지는 특징을 모두 가지고 있습니다. 그래서 배추과 식물에 많은 피해를 주는 잎벌레에 아주 취약합니다. 위의 사진은 2년 연속 배추를 재배한 곳 근처에 심은 청경채가 파종 3주 만에 거의 없어진 모습을 보여줍니다. 즉, 배추과 채소를 재배한 곳에서 멀리 떨어져야 피해를 줄일 수 있습니다.

얼갈이 (배추과 잎줄기채소)

- 원 산 지 : 중국 북부지방
- 파종시기 : 3월 하순 ～ 4월 중순
  8월 하순 ～ 9월 하순
- 수　　확 : 파종 40일 이후 수시로
- 난 이 도 : 중
- 연작장해 : 있음
- 특　　징 : 서늘한 기후를 좋아함
  고온기에는 기르기 어려움
  저온에서는 성장이 더딤

배추와 모든 특징이 동일한 채소입니다. 즉, 중국 북부가 원산지이며, 서늘한 기온에서는 연중재배가 가능하지만 특별한 시설을 하지 않으면 한여름과 겨울은 재배하기 어렵습니다. 얼갈이는 도시 근방에서 가을 또는 겨울에 하우스 재배를 통하여 이른 봄 김칫거리가 귀할 때 출하되는 반결구종의 배추입니다.

밭 준비 및 파종

물 빠짐이 좋은 밭을 골라 1m²당 3kg의 완숙퇴비와 깻묵을 2컵(400g) 넣고 두둑의 폭이 1m쯤 되도록 만듭니다. 두둑의 높이는 10cm가 좋습니다. 줄 간격은 20~30cm로 하고 골을 호미로 죽 긁어서 2~3cm에 하나씩 씨앗을 넣고 5mm 정도 흙을 덮으면 됩니다.

얼갈이 자라는 모습

파종 후 1주일 정도면 완전하게 발아를 합니다. 얼갈이는 파종 후 30일 정도 경과하면 수확하여 이용할 만큼 자랍니다. 봄 파종 얼갈이는 벼룩잎벌레가 많은 피해를 줍니다. 가을에는 조금 늦게 9월 중순에 파종하면 벌레 피해를 별로 받지 않고 기를 수 있습니다. 성

4월 10일 파종, 파종 10일

9월 14일 파종, 파종 5일

얼갈이 자라는 모습. 파종 20일

얼갈이 자라는 모습. 파종 35일

장이 빨리 이루어지므로 약간 어리다 싶을 때 수확하는 것이 좋습니다. 얼갈이는 성장 초기에 경쟁적으로 자라게 하는 것이 좋습니다. 그래서 솎아내는 시기를 잘 조절해야 합니다. 보통의 채소와 같이 초기부터 솎아내는 작업을 시작하면 옆으로 떡 벌어진 얼갈이가 되어버립니다.

수확

파종 3~4주 후부터 복잡한 곳을 솎아서 수확할 수 있습니다. 너무 간격을 넓혀서 솎아내면 잎이 억세고 땅에 바짝 엎드린 얼갈이가 되므로 적당히 경쟁적으로 자랄 수 있게 해주는 것이 좋습니다. 봄 재배 얼갈이는 수확시기가 늦어지면 기온이 높아져 복잡한 곳의 얼갈이 잎이 상하는 수가 있으므로 장마 전에 모두 수확하는 것이 좋습니다.

풀 관리 및 주의사항

봄 재배 얼갈이는 다른 풀에 비하여 빨리 자라고 또한 촘촘하게 자라므로 풀들이 잘 자라지 못합니다. 풀이 많이 자라게 되는 시점이 되면 이미 수확시기가 되므로 그다지 문제가 되지 않습니다. 이에 비해서 가을 재배는 주위에 돋아나는 비름이 몹시 힘들게 합니다. 이때 풀을 한차례 꼼꼼하게 정리해주면 이후는 수월합니다.

봄 재배 얼갈이 밭 모습

　파종 후 서로 경쟁적으로 자라게 조금 배게 심는 편이 좋습니다. 그러면 자라면서 그늘을 만들어 주변의 풀이 덜 자라게 하는 역할도 합니다. 물 빠짐이 좋고 비옥한 토양이 좋습니다. 특히, 배추과 채소를 재배한 곳을 피해서 재배해야 벌레의 피해를 줄일 수 있습니다. 배추과 식물에 많은 피해를 주는 잎벌레가 갉아 먹습니다. 그리고 땅을 파 헤집고 다니는 땅강아지, 두더지 등이 아래를 기어 다니면 뿌리가 들떠서 말라죽는 얼갈이가 더러 보이지만 큰 피해를 주지는 않습니다.

총각무 (배추과 뿌리채소)

- 원 산 지 : 중국 중북부지방
- 파종시기 : 3월 하순 ~ 4월 중순
  8월 하순 ~ 9월 하순
- 수　　확 : 파종 40일 이후 수시로
- 난 이 도 : 중
- 연작장해 : 있음
- 특　　징 : 서늘한 기후를 좋아함
  고온기에는 기르기 어려움
  저온에서는 성장이 더딤

　소형종의 무라고 생각하면 됩니다. 뿌리가 굵어지는 시기에 수확하여 잎줄기와 뿌리를 동시에 김치로 이용하는 채소입니다. 잎줄기의 성장은 무보다 무성하지 않고 뿌리는 무보다 작습니다. 씨앗의 크기는 열무에 비해서 좀 작은 편이나, 배추에 비해서는 많이 큰 편입니다.

열무(왼쪽)와 총각무(오른쪽) 씨앗 비교

밭 준비 및 파종

모든 조건이 얼갈이배추와 같으므로 참고하시기 바랍니다.

총각무 자라는 모습

총각무는 파종 후 50~70일 정도 경과하면 뿌리의 길이가 10~15cm 정도로 자라게 됩니다. 자라는 상황을 봐가며 수시로 솎아 포기 사이의 간격을 최종적으로 10cm 정도로 유지합니다. 포기 사이의 간격이 좁으면 총각무의 모양이 일반 무처럼 될 수 있습니다.

총각무 떡잎, 파종 1주일

총각무 자라는 모습, 파종 11일

총각무 자라는 모습, 파종 1개월

총각무 자라는 모습, 파종 2개월

수확

파종 4~5주가 지나면 복잡한 곳을 솎아서 수확할 수 있습니다. 봄 파종 총각무는 파종 50일 이후 수확을 하고, 가을 파종은 60일 정도가 적당합니다. 늦어지면 영하의 기온에서 줄기가 얼어 못 쓰게 됩니다.

풀 관리 및 주의사항

봄 재배 총각무는 풀에 대해서는 조금 홀가분합니다. 풀이 많이 자라게 되는 시점이 되면 이미 수확시기가 되므로 그다지 문제가 되지 않지요. 배추과 채소를 심은 곳과 가까이 있는 총각무는 잎벌레 피해를 많이 받게 됩니다. 그리고 두더지에 의한 뿌리 들뜸으로 말라죽는 총각무가 있지만 심각한 피해를 주지는 않습니다.

두더지가 지나간 흔적

잎벌레가 지나간 자리

겨자채 (배추과 잎줄기채소)

- 원 산 지 : 중앙아시아
- 파종시기 : 3월 하순 ~ 4월 중순
  8월 하순 ~ 9월 하순
- 수　　확 : 파종 30일 이후 수시로
- 난 이 도 : 중
- 연작장해 : 있음
- 특　　징 : 서늘한 기후를 좋아함
  고온기에는 기르기 어려움
  저온에서는 성장이 더딤

겨자채의 잎이 적색인 것을 적겨자채라 하여 최근에 건강쌈채소로 많이 재배합니다. 겨자채에는 비타민A, C, 카로틴, 칼슘, 철이 풍부하여 눈과 귀에 좋으며, 상추와 마찬가지로 진정효과가 있습니다. 시금치, 당근과 함께 갈아서 즙으로 마시면 치질과 황달에 효과가 있는 것으로 알려져 있습니다.

발 준비 및 파종

모든 조건이 얼갈이배추와 같으므로 참고하시기 바랍니다. 요사이는 적겨자채 모종을 전통 5일장이나 주변의 종묘상에서 손쉽게 구할 수 있습니다. 5~10포기만 있어도 충분하게 즐길 수 있는 양이므로 이를 감안하여 길러봅니다.

시중의 적겨자채 모종

적겨자채 자라는 모습

파종 20일이 지나면 본잎이 2~3장 되면서 키가 6~7cm 정도로 자랍니다. 파종 후 1개월 이면 키가 15cm 정도 자라게 되고 이때부터 잘 자란 잎을 수확하여 이용하면 됩니다.

수확

겨자채는 자라면서 잎이 커지고 늘어납니다. 그래서 겉잎부터 한 장씩 따야 장기적으로 수확하기 좋습니다. 조금 많이 파종하면 잘 자란 포기부터 밑동을 잘라 수확하는 것도 방법입니다. 보통은 상

적겨자채 싹트는 모습. 파종 10일

적겨자채 자라는 모습. 파종 20일

적겨자채 자라는 모습. 파종 5주

11월 중순의 겨자채모습. 파종 11주

추처럼 한 장씩 겉잎을 떼어내어 이용합니다. 파종 3~4주 후부터 큰 포기에 달린 잎을 수확하면 됩니다. 잎에 윤이 나는 짙은 갈색에 적색이 감도는 적겨자채를 상추와 함께 쌈으로 이용하면 각별한 향기를 느낄 수 있습니다.

가을 재배의 경우 서리를 맞으면 아삭한 맛이 덜하고, 퍼석퍼석

하며 질긴 느낌을 줍니다. 김장재료로 사용하려면 양념으로 아주 조금만 넣어주는 것이 좋습니다. 언젠가 조금 욕심을 내어 김장재료로 넣었더니 김치에 아주 강한 겨자채 고유의 맛이 들어 곤란했던 적이 있었습니다.

풀 관리 및 주의사항

다른 채소와 마찬가지로 함께 자라는 풀이 성가시게 합니다. 풀이 조금 덜 자라게 하려면 겨자채를 조금 배게 심어 우거지게 키우면 좋습니다. 아래에서 보는 바와 같이 초기에는 풀이 돋아나지만 겨자채가 우거지면서 많은 영향을 주지 않습니다. 청경채나 얼갈이 등의 주의사항과 같습니다.

초기의 겨자채와 풀이 자라는 모습

수확기의 겨자채와 풀

주말농장, 텃밭에서 많이 기르는 채소 재배 시기

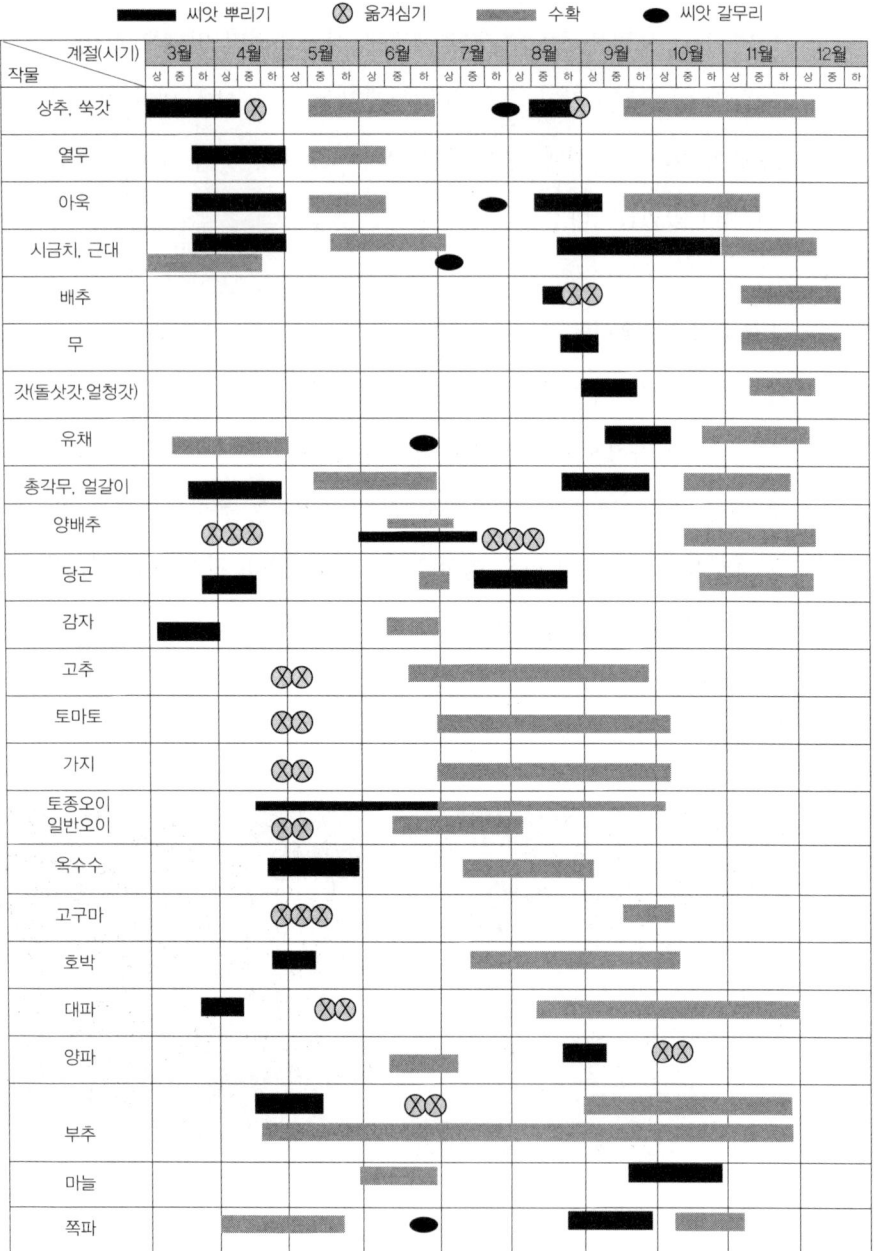

지구를 살리는
청소년 농부 모집

지구야
잘자라줘
도와줄게!!

청소년 농부 프로젝트는

흙의 고마움을 알고, 나눔을 아는 그래서 행복한 청소년을 목표로
광주시농업기술센터와 광주시자원봉사센터가 야심차게 준비한
1318 자원봉사 프로그램입니다.

🌱 청소년농부 프로젝트 철학

❀ 우리는 행복한 청소년이 강한 사회를 만든다는 것을 믿습니다.
❀ 우리는 청소년들이 농업을 통해 생명과 삶의 다양성을 이해하는데 가치를 둡니다.
❀ 우리는 청소년들이 친구들과 지역공동체 어른들과 관계를 맺고 책임있는 사회의
   주체로 성장하기를 바랍니다.
❀ 우리는 청소년들이 작물을 기르고, 판매하고, 기부하는 과정을 통해 먹거리의 중요성을
   알고 환경친화적 생활습관을 기를 수 있다고 믿습니다.
❀ 우리는 청소년 농부 프로젝트가 지역의 농부와 자원봉사자, 기업들과 협력하여
   지속 발전함으로써 더 많은 기회를 만들어 내기를 바랍니다.

🌱 청소년농부 프로젝트 모집 부문

❀ 청소년 농부 동아리반 : 광주시 소재 중학생 ~ 고등학생 선착순 40명
   청소년농부 동아리 참여자는 3월부터 10월까지 매월 2회 토요일에
   모여 텃밭농사를 배우고, 작물을 기르고, 수확해서 판매도 합니다.
   이 과정에서 다양한 멘토들과 만나 생명과 환경에 대한 이야기와 토론,
   또 즐거운 자원봉사가 함께 합니다. (1회당 자원봉사 4시간 부여, 총 64시간)

❀ 청소년 농부 체험반 : 광주시 초6 ~ 고등학생 매회 40명 (총 16회)
   청소년 농부 체험반 참여자는 지구를 살리는 친환경농업에 대해 배우며,
   즐거운 텃밭 자원봉사를 경험합니다. (1회당 자원봉사 4시간 부여)

광주시농업기술센터 & 광주시자원봉사센터